丹珠编织工作室，李海玉的独创编织

韩国独创编织2

第一次织毛衣和开衫

（韩）李海玉　著

崔晶月　译

辽宁科学技术出版社
·沈 阳·

©2012，简体中文版权归辽宁科学技术出版社所有。

本书由韩国DESIGN HOUSE出版社授权辽宁科学技术出版社在中国范围内独家出版简体
中文版本。著作权合同登记号：06-2012第174号。

版权所有·翻印必究

图书在版编目（CIP）数据

韩国独创编织. 2, 第一次织毛衣和开衫 /（韩） 李海玉著;
崔晶月译. — 沈阳：辽宁科学技术出版社，2012.10
ISBN 978-7-5381-7649-0

Ⅰ. ①韩… Ⅱ. ①李… ②崔… Ⅲ. ①毛衣－编织－图集
Ⅳ. ①TS941.763-64

中国版本图书馆CIP数据核字（2012）第201560号

出版发行：辽宁科学技术出版社
　　　　　（地址：沈阳市和平区十一纬路29号　邮编：110003）
印　刷　者：辽宁星海彩色印刷有限公司
经　销　者：各地新华书店
幅面尺寸：168mm×236mm
印　　张：8
字　　数：40千字
印　　数：1~4000
出版时间：2012 年 10 月第 1 版
印刷时间：2012 年 10 月第 1 次印刷
责任编辑：张歌燕
封面设计：郭晓静
版式设计：张　增
责任校对：徐　跃

书　　号：ISBN 978-7-5381-7649-0
定　　价：28.00元

投稿热线：024-23284354　geyan_zhang@163.com
邮购热线：024-23284502
http://www.lnkj.com.cn

目录

前言

学习服装设计专业后最感兴趣的便是编织。虽然当时生活拮据，还是央求爱人为我买了一台编织机以完成我的毕业作品。但机器编织出来的成品和我的设想有较大的差异。我认为，编织并不仅仅是将毛线组合在一起，真正的编织是由优质的素材、完美的构思和精心的编织过程共同完成的。

创立"丹珠"之初我的目标便是"创造独一无二的名品"。我提倡的编织理念是，感受编织魅力、享受编织快乐、自己亲自设计。我希望在我们的倡导下，大家编织出的不再是只注重编织手法和技巧的织品，而是将优质的材料和独特的设计融合在一起的可以与国际大牌相媲美的编织品。

说起"编织"，人们眼前浮现的几乎都是不堪入目的老式设计。我想通过此书，让大家可以摆脱固有的想法，可以真正编织出独一无二的"名品"设计。也希望读者通过此书不仅可以享受到编织的过程，也能享受到穿着魅力成品的欣喜。这便是我编写本书的理由及目标。

在教授编织课程的过程中，我领会到，编织可以稳定情绪。重复相同动作，我们不仅可以做到心无杂念，还可以从日常生活的琐碎事务中摆脱出来，一切负面情绪都被抛在脑后。事实上，有一些明星也开始学习编织以释放情绪，缓解压力。

编织不仅仅是一件新生织品的诞生，也不仅是对爱人、亲人表达心意的方式，也是自我解压的好方法。我希望所有的读者都可以像我一样，在经历生活的跌宕起伏时，通过编织来平和心境、释放压力。这也是我出这本书的另外一个理由。

俗话说，运七技三，意思是做事成功与否运气占七成，技术占三成。我想说，对于编织来讲，应该是"情七技三"。无论为亲人编织还是为朋友编织，都是告白心意、传达思念的最好方式。我们自己也会从中得到无限的快乐。

我希望我的编织设计可以帮助更多的读者织出美丽的单品，也希望更多的读者可以与我一同享受编织过程中温馨、贴心的幸福。

为了给读者带来可供愉悦心情的编织书，丹珠工作室的所有成员都倾注了大量的精力。衷心感谢从计划出书到现在帮助我将所有的构想变成现实的朋友们。如果没有你们耐心的指点、熟练的技巧、独特的眼光、辛勤的帮助、贴心的陪伴、积极的鼓励与帮助，也不会有这本书的问世。

特别感谢给我安定的家庭、鼓励我挑战新领域的我最爱的家人。身为妻子我还有很多欠缺的地方，身为妈妈我给孩子的时间太少，感谢从没有怨言的我最坚强的后盾——我的爱人金泰正先生，儿子振贤，知己多媛小姐，感谢让我天生拥有特殊的才艺和单纯的思想的我最亲爱的父母。可以为你们献上这本书，是我最大的光荣，也是最大的幸福。

有人说，"幸福的人，是不会经常看表的。"
编织会让我们忘记时间的流逝，请与我一同走进编织的世界。

李海玉

01 最花哨毛衣

Fancy Top 织法参见→P.49

02 配色华丽的长款马甲

Long Coloring Vest   织法参见→P.52

03 质地柔和的褶裥领马甲

Draped Silky Vest 织法参见→P.54

04 不对称开衫
Reversed Unbalance Cardigan

织法参见→P.56

05 褶皱开衫

Loose Drapery Vest

织法参见→P.58

06 小女生基本款开衫

Girl's Basic Cardigan

织法参见→P.60

07 高翻领运动衫

Turtleneck Sweater Cardigan 织法参见→P.62

08 最奢华毛衣

Jazzy Top   织法参见→P.64

09 花式毛领马甲

Fancy Collared Vest 织法参见→P.66

10 钻石花样毛衣
Big Diamond Sweater

织法参见→P.69

11 镂空毛衣
Pointelle Sweater

织法参见→P.72

12 贴身开衫

Tailored Cardigan

织法参见→P.76

13 强烈的补色对比马甲

Unbalanced Vest 织法参见→P.79

14 花边长款束腰装

Lacy Long Tunic Dress 织法参见→P.81

15 麻花花样羊绒套衫

Cashmere Cabled Pullover   织法参见→P.83

16 盖肩袖马甲

Yoke Vest　织法参见→P.85

17 开领套衫

Off Shoulder Pullover

织法参见→P.88

18 嬉皮风复古套衫

Vintage Pullover

织法参见→P.91

19 糖果色连帽衫

Colorful Zip-Up Hoodie

织法参见→P.94

20 时尚长款开衫
Pleated Stylish Cardigan

织法参见→P.99

21 简洁长款开衫

Simple Long Vest 　织法参见→P.102

22 超前卫开衫

Avant-Garde Cardigan

织法参见→P.105

23 骑士风夹克

Rider Jacket 织法参见→P.108

24 拼布开衫
Patchwork Cardigan

织法参见→P.113

01 最花哨毛衣 Fancy Top

用羽毛线编织短袖, 整体既端庄又可爱, 底部的铃铛花也是一大看点。

难易度: ●●○○○
主要编织方法: 铃铛编织
毛线用量: 酒红色美利奴羊毛线240g (6团), 酒红色羽毛线50g (1团)
棒针: 3.5&4&8mm
规格: 美利奴羊毛线25针 32行, 羽毛线8针 14行
成品尺寸: 胸围86cm, 长56cm

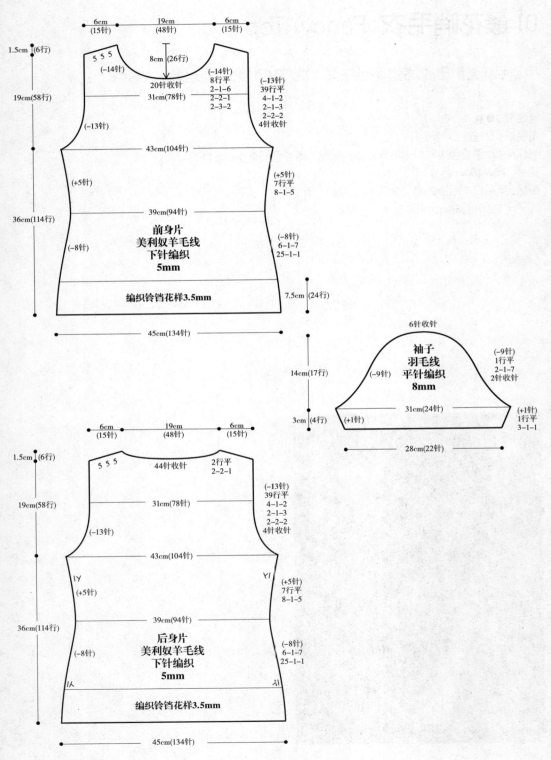

6cm
(15针)
19cm
(48针)
6cm
(15针)

1.5cm(6行)

8cm(26行)

5 5 5

(-14针)

(-14针)
8行平
2-1-6
2-2-1
2-3-2

20针收针
31cm(78针)

(-13针)
39行平
4-1-2
2-1-3
2-2-2
4针收针

19cm(58行)

43cm(104针)

(-13针)

(+5针)
7行平
8-1-5

(+5针)

39cm(94针)

前身片
美利奴羊毛线
下针编织
5mm

(-8针)
6-1-7
25-1-1

36cm(114行)

(-8针)

编织铃铛花样3.5mm

7.5cm(24行)

45cm(134针)

6针收针

袖子
羽毛线
平针编织
8mm

(-9针)
1行平
2-1-7
2针收针

(-9针)

14cm(17行)

31cm(24针)

(+1针)
1行平
3-1-1

(+1针)

3cm(4行)

28cm(22针)

6cm
(15针)
19cm
(48针)
6cm
(15针)

1.5cm(6行)

5 5 5

44针收针
31cm(78针)

2行平
2-2-1

(-13针)
39行平
4-1-2
2-1-3
2-2-2
4针收针

19cm(58行)

43cm(104针)

(-13针)

(+5针)

(+5针)
7行平
8-1-5

39cm(94针)

后身片
美利奴羊毛线
下针编织
5mm

(-8针)
6-1-7
25-1-1

36cm(114行)

(-8针)

编织铃铛花样3.5mm

45cm(134针)

1针放3针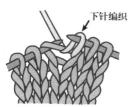

下针编织

1. 编织1针下针,无需摘下左棒针的针。

2. 按箭头方向从后向前将左棒针穿于左侧第1针,再编织1针上针。

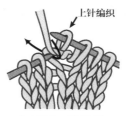
上针编织

3. 在同一针编织1针下针。

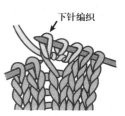
下针编织

4. 编织完成下针、上针、下针,共加3针的图示。

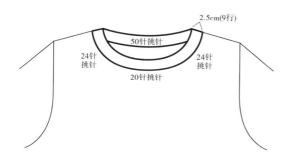

2.5cm(9行)
50针挑针
24针挑针
24针挑针
20针挑针

↑			③	4(反)
—	—	—	—	3(正)
③				2(反)
—	—	—	—	1(正)

编织领口(铃铛花, 3.5mm)

共取118针,编织7行铃铛花后,在表面的上针收针。用缝针在左肩处连接两端边缘。

编织铃铛花(4行平针重复)

1行(外侧):上针。
2行(内侧):下针1针[1针放3针, 3针同时编织上针]重复编织,下针1针。
3行(外侧):上针。
4行(内侧):下针1针[3针同时编织上针, 1针放3针]重复编织,下针1针。

02 配色华丽的长款马甲 Long Coloring Vest

组合各种不同颜色的毛线，编织出色彩华丽、款式简洁的长款马夹。

难易度：●○○○○
主要编织方法：配色，编织扣眼
毛线用量：羊驼绒深灰色200g（4团）、浅灰色150g（3团），各种颜色装饰线
棒针：3.5&4mm
规格：22针 34行
成品尺寸：胸围90cm，长80cm
辅料：纽扣（2.8cm）2个

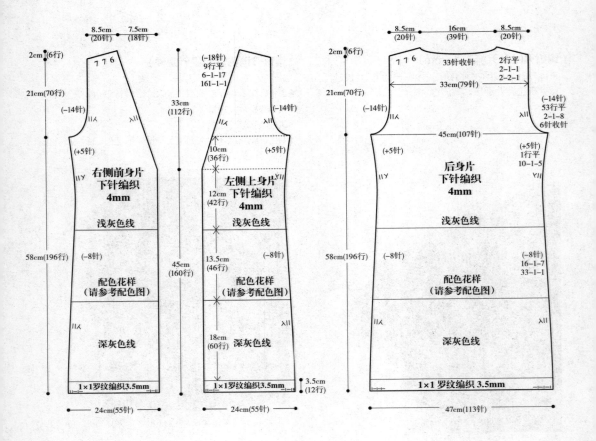

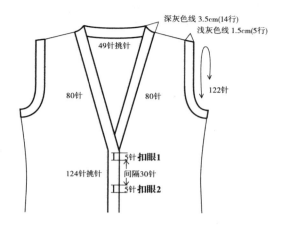

深灰色线 3.5cm(14行)
浅灰色线 1.5cm(5行)

49针挑针

80针　80针

122针

5针 **扣眼1**
124针挑针　间隔30针
5针 **扣眼2**

编织前襟 (1×1罗纹针, 3.5mm)

使用深灰色毛线在两侧前襟各起124针, 两侧前颈各起80针, 后颈起49针, 共457针, 编织12行1×1罗纹针后收针。

在前襟第6行作标记处收5针, 在第7行重起5针后织出2个扣眼。

编织袖身 (1×1罗纹针, 3.5mm)

使用浅灰色毛线挑122针编织3行罗纹针后收针。

配色图

此后均编织A下针片
2行 F-☆
2行 A-☆
1行I-(表)上针编织1行
3行 A-☆
1行 H-☆
3行 D-☆
4行 E-☆
2行 D-☆
3行 A-☆
1行F-(表)上针编织1行
2行 B-☆
2行 E-☆
3行 C-☆
3行 A-☆
2行 I-☆
3行 A-☆
1行H-(表)上针编织1行
3行G-上针编织
4行 B-☆
1行F-(表)上针编织1行
17行 B-☆
8行B-罗纹编织

☆为下针编织

马甲使用毛线:

A. 浅灰色羊驼毛线200g(4团)

B. 深灰色羊驼毛线150g(3团)

C. 浅绿色羊绒混纺线50g(1团)

D. 蓝色羊毛线50g(1团)

E. 橙色结子装饰线50g(1团)

F. 紫色羽毛线50g(1团)

G. 金色尼龙线50g(1团)

H. 红色珍珠线40g(1团)

I. 黑色毛圈花式线30g(1团)

03 质地柔和的褶裥领马甲 Draped Silky Vest

此款马甲的最大亮点便是恰到好处地利用了真丝与羊毛混纺线打造出前襟的褶皱。
可根据不同搭配打造不同风格。

难易度: ●○○○○
主要编织方法: 前襟7行花样编织
毛线用量: 黄褐色真丝混纺线300g（6团）
棒针: 4.5mm
规格: 19针 26行
成品尺寸: 胸围90cm, 长55cm

Tip
1. 前襟处7针花样的边缘第1针编织挑针, 6针编织1×1罗纹针, 前襟与身片同时编织。
2. 为避免袖身处卷边, 边缘第1针不进行编织, 只第3针编织平针。

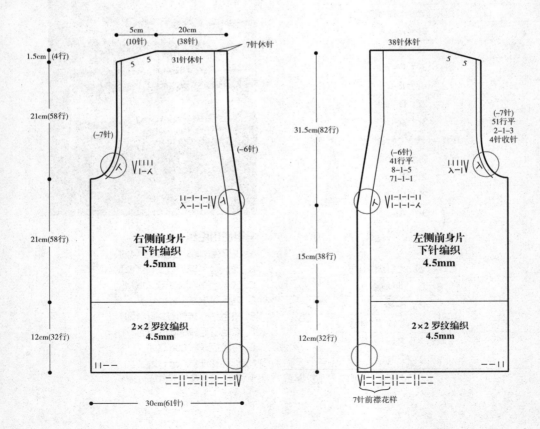

编织高领（2×2罗纹编织，4.5mm）

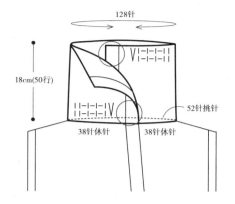

128针

18cm(50行)

V┃-┃-┃-┃┃
┃-┃-┃-┃V

52针挑针

┃┃-┃-┃-V
V┃-┃-┃-┃┃

38针休针　　38针休针

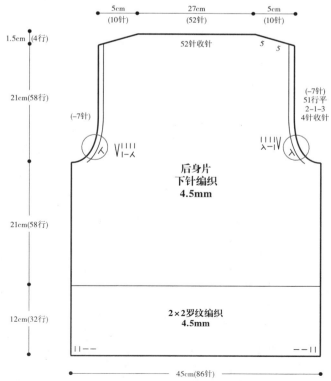

5cm
(10针)

27cm
(52针)

5cm
(10针)

1.5cm (4行)

52针收针　　　5　　5

21cm(58行)

(-7针)
51行平
2-1-3
4针收针

(-7针)

V┃┃┃┃
1-人

人

人

┃┃┃┃V
人-1

后身片
下针编织
4.5mm

21cm(58行)

12cm(32行)

2×2罗纹编织
4.5mm

┃┃--　　　　　　　--┃┃

45cm(86针)

04 不对称开衫 Reversed Unbalance Cardigan

利用回针编织法打造不规则的前襟，结合华丽的渐变色毛线和简单的单色毛线，打造另类的开衫。

难易度：●○○○○
主要编织方法：回针编织
毛线用量：灰褐色混纺毛线300g（6团），粉红绿色渐变色混纺毛线250g（5团）
棒针：5&5.5mm
规格：15针 23行
成品尺寸：胸围95cm，长64cm

Tip
1. 前襟处10针花样编织的第1针均不编织，剩余1针编织1×1罗纹针，前襟与身片同时编织。
2. 左侧前襟编织12行1×1罗纹针，从13行起，每2行编织6针回针，共重复7次，使底边形成斜线。

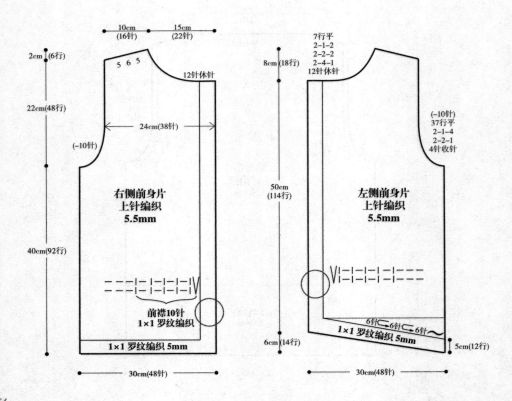

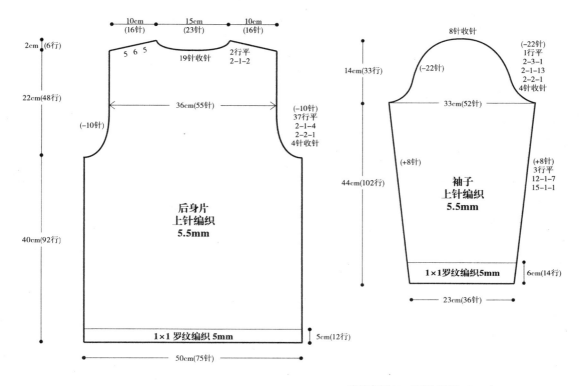

后身片
上针编织
5.5mm

1×1 罗纹编织 5mm

10cm (16针)　15cm (23针)　10cm (16针)

2cm (6行)

5 6 5　19针收针　2行平 2-1-2

22cm (48行)

36cm (55针)

(-10针)

(-10针) 37行平 2-1-4 2-2-1 4针收针

40cm (92行)

50cm (75针)

5cm (12行)

袖子
上针编织
5.5mm

1×1 罗纹编织 5mm

8针收针

(-22针)

(-22针) 1行平 2-3-1 2-1-13 2-2-1 4针收针

14cm (33行)

33cm (52针)

(+8针)

(+8针) 3行平 12-1-7 15-1-1

44cm (102行)

6cm (14行)

23cm (36针)

编织高领（1×1罗纹编织，5mm）

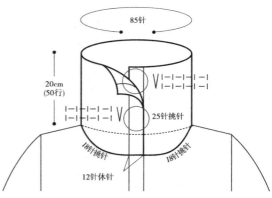

85针

20cm (50行)

V I-I-I-I-I I-I-I-I-I

V I-I-I-I-I I-I-I-I-I

25针挑针

18针挑针　18针挑针

12针休针

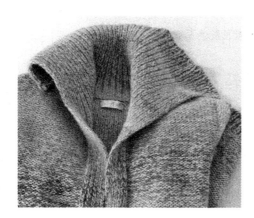

上针织片的并缝

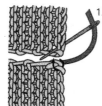

1. 将需要连接的两片织片正面朝上置于桌面，使用缝针及编织完成后剩余的尾线按箭头方向穿线。

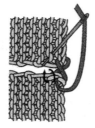

2. 从两片织片的边缘起，用缝针穿第1针与第2针之间的纵向针。

3. 左、右依次穿线进行并缝。

05 褶皱开衫 Loose Drapery Vest

用回针编织法打造出宽松舒适的马夹，整体的褶皱设计加上条纹花样更加突出马夹的风格。

难易度：●○○○○
主要编织方法：回针编织，编织袖身
毛线用量：羊驼绒混纺线蓝色450g（9团）、黄色200g（4团）
棒针：4.5&5.5mm
规格：20针 26行
成品尺寸：宽143cm，长48cm

Tip
为避免卷边，顶端与底边不编织，只第3针编织平针。

整理配色毛线

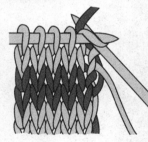

1. 以2行为间隔配色，一个颜色编织完成后，将毛线搁置，继续用上一种颜色毛线进行编织。此时，搁置后重新编织的毛线不应过于拉紧。

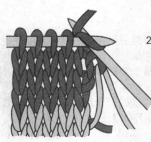

2. 若间隔4针以上配色时，应如图，每2行扭转交织毛线，使边缘更加平整。

袖身处收针（平针编织，4.5mm）

1行：在原有的针中取针，两端各以扭针加针，共92针。编织1行上针后在下一行上针收针。

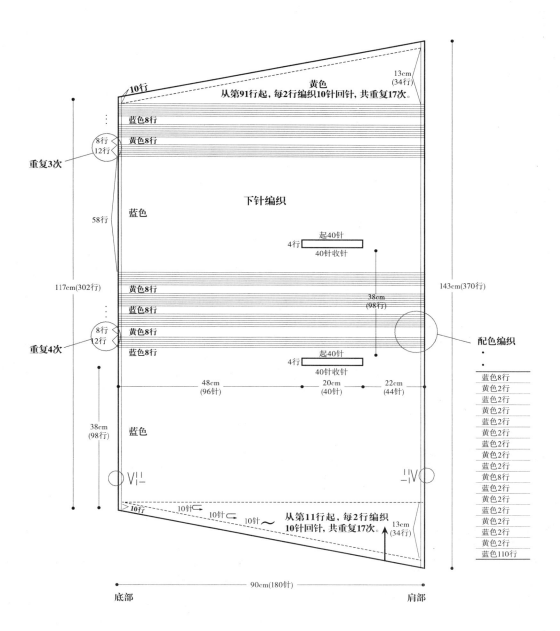

13cm
(34行)

黄色
从第91行起，每2行编织10针回针，共重复17次。

10行

蓝色8行

8行
12行

黄色8行

重复3次

58行　蓝色

下针编织

起40针
4行
40针收针

117cm(302行)

黄色8行

蓝色8行

38cm
(98行)

143cm(370行)

8行
2行

黄色8行

重复4次

蓝色8行

起40针
4行
40针收针

配色编织

48cm
(96针)

20cm
(40针)

22cm
(44针)

蓝色8行	
黄色2行	
蓝色2行	
黄色2行	
蓝色2行	
黄色2行	
蓝色2行	
黄色2行	
蓝色2行	
黄色8行	
蓝色2行	
黄色2行	
蓝色2行	
黄色2行	
蓝色2行	
黄色2行	
蓝色110行	

38cm
(98行)　蓝色

10行

10针　10针

10针

从第11行起，每2行编织10针回针，共重复17次。

13cm
(34行)

90cm(180针)

底部　　　　　　　　　　　　肩部

06 小女生基本款开衫 Girl's Basic Cardigan

相信每个人都拥有一件经典羊驼绒毛衣, 添加O形麻花针弥补了开衫的平庸。

难易度: ●●○○○
主要编织方法: 麻花针
毛线用量: 紫色羊驼绒混纺线200g(4团)
棒针: 4&4.5mm
规格: 18针 28行
成品尺寸: 胸围72cm, 长44cm(6岁女童为标准)
辅料: 纽扣(1.5cm)6个

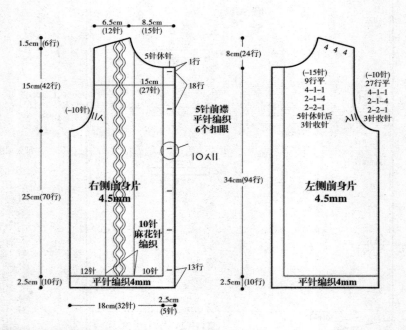

在右侧前身片编织O形麻花针

1. 用4mm棒针起37针编织9行桂花针。
2. 在第11行替换4.5mm棒针, 编织2行麻花针的基础。

    11行: 5针下针(前襟), 10针下针, 2针上针, 6针下针, 2针上针, 12针下针。

12行: 12针上针, 2针下针, 6针上针, 2针下针, 10针上针, 5针下针(前襟)。

3. 13行为编织O形桂花针的第1行, 从此行起进行桂花针的编织。
4. 左侧前身片的花样与右侧前身片相对称。

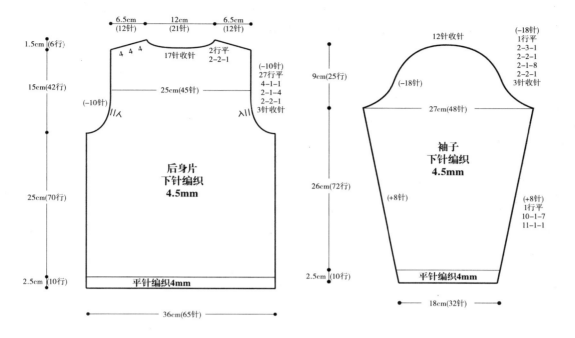

後身片
下針編織
4.5mm

6.5cm (12針) | 12cm (21針) | 6.5cm (12針)

1.5cm(6行)

15cm(42行)

25cm(70行)

2.5cm(10行)

4 4 4
17針收針
2行平 2-2-1

25cm(45針)

(-10針)
27行平
4-1-1
2-1-4
2-2-1
3針收針

(-10針)

平針編織4mm

36cm(65針)

袖子
下針編織
4.5mm

12針收針

9cm(25行)

26cm(72行)

2.5cm(10行)

(-18針)
1行平
2-3-1
2-2-1
2-1-8
2-2-1
3針收針

(-18針)

27cm(48針)

(+8針)

(+8針)
1行平
10-1-7
11-1-1

平針編織4mm

18cm(32針)

編織領口（平針編織，4mm）

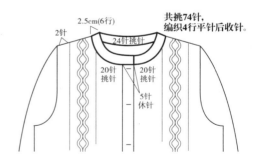

2針

2.5cm(6行)

24針挑針

共挑74針，
編織4行平針後收針。

20針
挑針

20針
挑針

5針
休針

編織○形麻花針（10針 6行 重複）

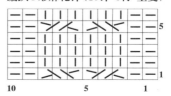

10   5   1

5

1

07 高翻领运动衫 Turtleneck Sweater Cardigan

本款开衫使用了保暖性强、突显高贵的羊驼绒，饱满的高领加上桂花针，朴素之余更显经典。

难易度：●●○○○
主要编织方法：桂花针，编织扣眼
毛线用量：象牙色羊驼绒混纺线350g（7团）
棒针：5&5.5&6mm
规格：16针 25行
成品尺寸：胸围100cm，长58cm
辅料：纽扣（2.1cm）6个

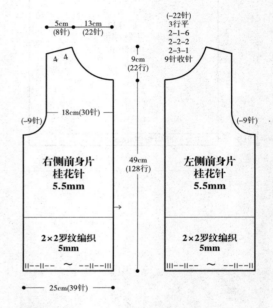

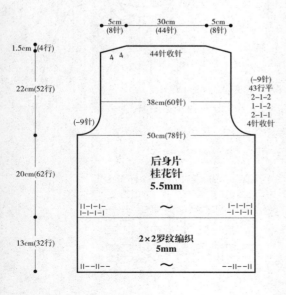

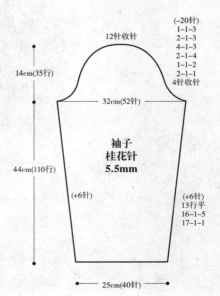

编织高领、扣眼（2×2罗纹编织，5mm）

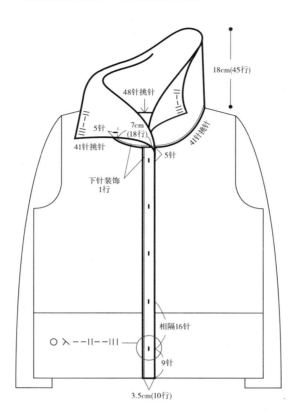

编织前襟扣眼（2×2罗纹针，5mm）

1. 将左、右两侧前襟的外侧置于身前侧，共取88针。
2. 编织2行（内侧）下针，再编织1行装饰线。继续编织7行2×2罗纹针后收针。
3. 左侧前襟编织4行后，底边第9针处编织第1个扣眼。再每隔16针编织5个单针扣眼。
4. 左侧前襟缝6个纽扣。

编织高领（2×2罗纹针，5mm）

1. 如图，将身片外侧置于身前侧共取130针。
2. 编织1行下针后再编织1行上针装饰线。
3. 衣领的两端各编织3针上针，再编织16行2×2罗纹针后编织扣眼。
4. 在第19行边缘第6针编织扣眼（参考P.67），编织18cm的2×2罗纹针。

08 最奢华毛衣 Jazzy Top

用羽毛线打造整片前身片，强调独特的华丽之美。

难易度: ●●○○○
主要编织方法: 后颈收针
毛线用量: 深灰色美利奴羊毛线240g（6团），灰色羽毛线150g（3团）
棒针: 3.5&4&8mm
规格: 美利奴羊毛线24针 30行，羽毛线9针 14.5行
成品尺寸: 胸围86cm，长60cm

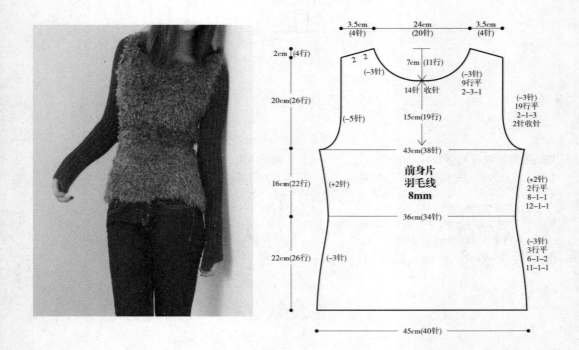

前身片
羽毛线
8mm

3.5cm (4针)　24cm (20针)　3.5cm (4针)

2cm (4行)
2 2 (−3针)
7cm (11行)
14针 收针
(−3针)
9行平
2-1-1

20cm (26行)
(−5针)

(−3针)
19行平
2-1-3
2针收针

15cm (19行)
43cm (38针)

16cm (22行)
(+2针)

(+2针)
2行平
8-1-1
12-1-1

36cm (34针)

22cm (26行)
(−3针)

(−3针)
3行平
6-1-2
11-1-1

45cm (40针)

后颈收针

用3.5mm棒针挑54针,
在下一行编织上针的同
时收针。

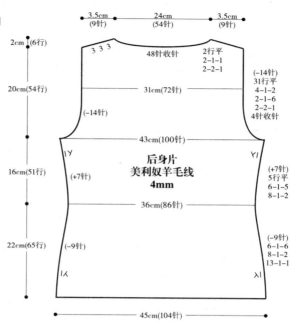

2cm(6行)

3.5cm
(9针)   24cm   3.5cm
(54针)   (9针)

3 3 3

48针收针   2行平
2-1-1
2-2-1

20cm(54行)

31cm(72针)

(-14针)

(-14针)
31行平
4-1-2
2-1-6
2-2-1
4针收针

43cm(100针)

16cm(51行)

后身片
美利奴羊毛线
4mm

(+7针)

(+7针)
5行平
6-1-5
8-1-2

36cm(86针)

22cm(65行)

(-9针)

(-9针)
6-1-6
8-1-2
13-1-1

45cm(104针)

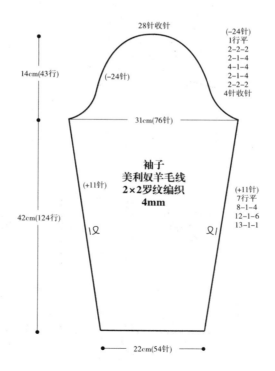

28针收针

(-24针)
1行平
2-2-2
2-1-4
4-1-4
2-1-4
2-2-2
4针收针

14cm(43行)

(-24针)

31cm(76针)

袖子
美利奴羊毛线
2×2罗纹编织
4mm

(+11针)

(+11针)
7行平
8-1-4
12-1-6
13-1-1

42cm(124行)

22cm(54针)

65

09 花式毛领马甲 Fancy Collared Vest

在最平凡的马夹上点缀独特的领子并装饰铃铛, 使整体风格更加可爱、明快。

难易度: ●○○○○
主要编织方法: 取针方法, 编织铃铛, 短针加1针、减1针
毛线用量: 灰青色羊驼绒混纺粗花呢线200g (4团), 浅茶色铃铛装饰线, 黑、白色渐变色毛线各50g (1团)
棒针: 4.5&5&5.5&6mm, 钩针3.5mm (6/0)
规格: 18针 24行
成品尺寸: 胸围96cm, 长50cm

Tip
1. 为避免卷边, 底边使用4.5mm棒针起针4针, 编织1行下针, 再编织1行上针。第3行起更换5mm棒针重复编织下针、上针, 下针片作为马夹的正面。
2. 为避免卷边, 前襟与袖身处边缘第1针挑针, 第3针编织平针。领子处边缘第1针挑针, 第3针编织平针。

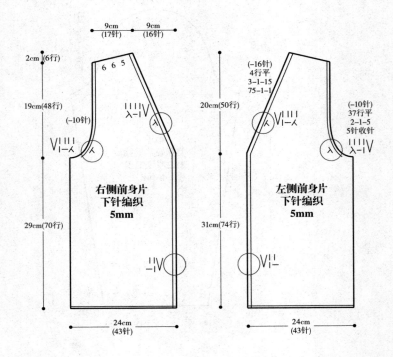

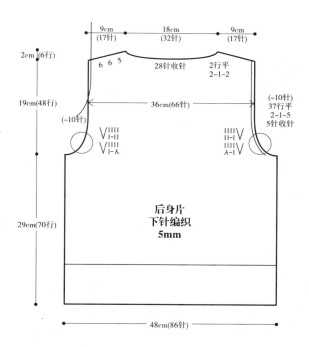

9cm
(17针)
18cm
(32针)
9cm
(17针)

2cm(6行)

6 6 5　　28针收针　　2行平 2-1-2

19cm(48行)

36cm(66针)

(-10针)　37行平 2-1-5 5针收针

(-10针)

V IIIII
I-II
V IIIII
II-II
V I-人

IIIII V
II-II
IIIII V
人-I V

后身片
下针编织
5mm

29cm(70行)

48cm(86针)

编织领子（上针编织，5mm）

用2股不同风格的装饰毛线，在身片的内侧取82针，编织1行下针，继续编织20行上针。以5mm（6行）、5.5mm（8行）、6mm（平针编织4行）的顺序更换棒针，使领子更加美观，共编织12cm左右后收针。

制作铃铛（钩针3.5mm，直径4cm）

1. 用2股不同风格装饰毛线如下图进行编织。
2. 添加线头使其成形后，左侧30针、右侧40针编织锁针。编织1行短针，制作长约18cm、23cm的两根装饰带。
3. 将装饰带固定在前襟与领口的连接点上。

12cm(20行)

28针挑针

27针
挑针

27针
挑针

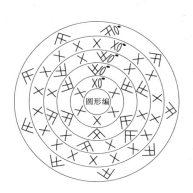

圆形编

短针加1针

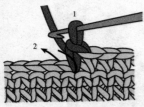

1. 按箭头方向，将原有的短针钩出新一针。

2. 绕线后再从两针之间穿出。

3. 编织完成短针加1针的图示。

短针减1针

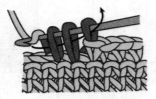

1. 在原有针的下一针处钩出1针，再按箭头方向，在第2针处钩出新一针。

2. 绕线后再从第3针穿出。

3. 编织完成短针减1针的图示。

10 钻石花样毛衣 Big Diamond Sweater

有别于阿兰花样的钻石麻花，是一款突显明快、干练的经典毛衣。

难易度: ●●●○○
主要编织方法: 钻石花样
毛线用量: 红色马海毛混纺线850g（17团）×2股
棒针: 4.5&5mm
规格: 21针 23行
成品尺寸: 胸围94cm, 长66cm
辅料: 纽扣（2.5cm）6个

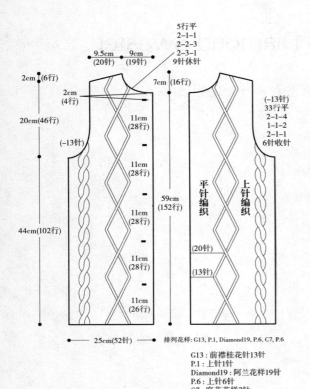

5行平
2-1-1
2-2-3
2-3-1
9针休针

9.5cm
(20针)
9cm
(19针)

2cm(6行)

2cm
(4行)

20cm(46行)

7cm(16行)

(-13针)

11cm
(28行)

11cm
(28行)

59cm
(152行)

(-13针)
33行平
2-1-4
1-1-2
2-1-1
6针收针

11cm
(28行)

44cm(102行)

11cm
(28行)

平针编织

上针编织

11cm
(28行)

(20针)

(13针)

11cm
(26行)

25cm(52针)

排列花样: G13, P.1, Diamond19, P.6, C7, P.6

G13：前襟桂花针13针
P.1：上针1针
Diamond19：阿兰花样19针
P.6：上针6针
C7：麻花花样7针
P.6：上针6针

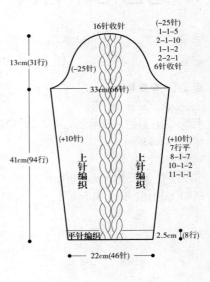

16针收针

(-25针)
1-1-5
2-1-10
1-1-2
2-2-1
6针收针

13cm(31行)

(-25针)

33cm(66针)

41cm(94行)

(+10针)

上针编织

上针编织

(+10针)
7行平
8-1-7
10-1-2
11-1-1

平针编织

2.5cm(8行)

22cm(46针)

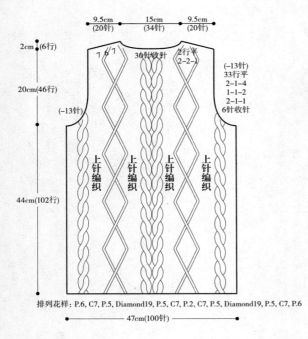

9.5cm
(20针)
15cm
(34针)
9.5cm
(20针)

2cm(6行)

7 6 7
30针收针
2行平
2-2-1

(-13针)
33行平
2-1-4
1-1-2
2-1-1
6针收针

20cm(46行)

(-13针)

44cm(102行)

上针编织
上针编织
上针编织
上针编织

排列花样: P.6, C7, P.5, Diamond19, P.5, C7, P.2, C7, P.5, Diamond19, P.5, C7, P.6

47cm(100针)

编织高领（平针编织，4.5mm）

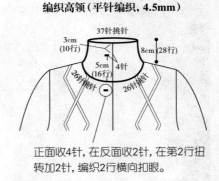

37针挑针

3cm
(10行)

8cm(28行)

5cm
(16行)
4针

26针挑针

26针挑针

正面收4针，在反面收2针，在第2行扭转加2针，编织2行横向扣眼。

编织钻石花样(19针 30行 重复)

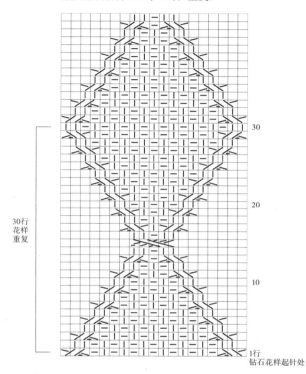

30行花样重复

30

20

10

1行
钻石花样起针处

左侧前襟钻石花样

后身片与袖子的中央
麻花花样

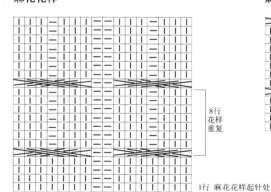

20

10

1

8行花样重复

1行 麻花花样起针处

后身片右侧与前身片左侧
麻花花样

后身片左侧与前身片右侧
麻花花样

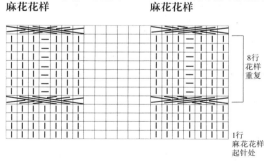

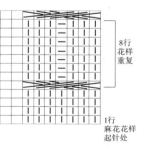

8行花样重复

1行
麻花花样
起针处

11 镂空毛衣 Pointelle Sweater

虽然略显朴素，却充分流露出复古的田园风格。套在吊带裙外面演绎万种风情。

难易度: ●●●○○
主要编织方法: 镂空针, 铃铛花样
毛线用量: 黄绿色羊毛混纺线320g（8团）
棒针: 4&4.5mm, 钩针2.5mm（4/0）
规格: 22针 24行
成品尺寸: 胸围90cm, 长64cm

Tip
编织镂空针的起针数应为8的倍数+3针。

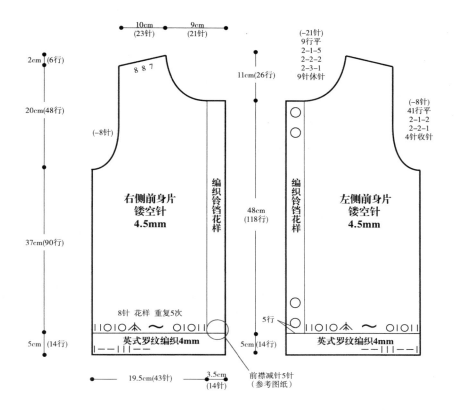

编织前身片底边（英式罗纹针，4mm）

1. 起针后，前身片的前2针挑针，再如图纸编织3×2罗纹针。
2. 编织4行3×2罗纹针，第7行（外侧）编织1行上针。
3. 如图编织7行2×2罗纹针后，开始编织1行前身片花样及镂空针。
4. 后身片底边的编织方法与前身片相同。

编织前襟（编织铃铛花样，4.5mm）

1. 14行编织英式罗纹针，15行如图减5针，将此针减为9针。
2. 15行（外侧）：前2针边缘挑针，下针2针，后10针各2针并1针，并为5针。身片如图，在两端边缘各加1针下针，两侧缝口处加1针后编织1行镂空针。
3. 前身片边缘编织2针挑针，继续编织3行上针，下一行编织2针挑针，3针上针，铃铛花样，3针上针，如此编织第1个铃铛花样。
4. 如上述方法，在每8行的第6针重复编织铃铛花样，共编织14个铃铛花样。

袖口加针

1. 用4mm棒针起45针，编织7行2×2罗纹针作为袖子底边。
2. 9行：替换4.5mm棒针，编织镂空针的第1行。此时，将原有的中上5针并1针改为中上3针并1针。
3. 镂空针的第2行，即织片第10行的59针编织上针。

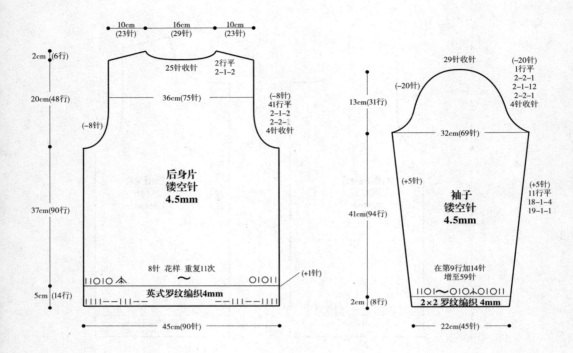

10cm
(23针)　16cm
(29针)　10cm
(23针)

2cm (6行)

25针收针　2行平
2-1-2

20cm(48行)

36cm(75针)

(−8针)
41行平
2-1-2
2-2-1
4针收针

(−8针)

后身片
镂空针
4.5mm

37cm(90行)

8针 花样 重复11次

IIOIO　〇IOII　(+1针)

英式罗纹编织4mm

5cm (14行)

45cm(90针)

13cm(31行)

29针收针　(−20针)
1行平
2-2-1
2-1-12
2-2-1
4针收针

(−20针)

32cm(69针)

(+5针)

袖子
镂空针
4.5mm

(+5针)
11行平
18-1-4
19-1-1

41cm(94行)

在第9行加14针
增至59针

IIOI　〇IOI
2×2 罗纹编织 4mm

2cm (8行)

22cm(45针)

编织领子（2×2罗纹编织，4mm）

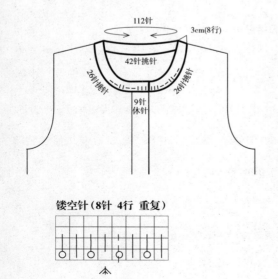

112针

3cm(8行)

42针挑针

26针挑针　26针挑针

9针
休针

镂空针（8针 4行 重复）

前身片花样

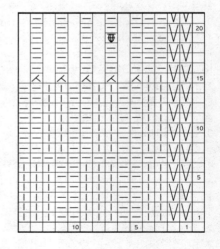

中上5针并1针

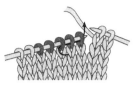

1. 按箭头方向将左棒针的3针不编织穿进右棒针。

2. 左棒针2针并1针编织下针。

3. 将穿进右棒针的3针盖于刚刚编织的下针，将原有的5针减至1针，共减4针。

4. 编织完成中上5针并1针的图示。

编织铃铛花样

1. 将需要编织的铃铛花样的针穿于钩针，编织锁针。

2. 编织3针锁针，绕线后如图按箭头方向穿针。

3. 在新取的针编织2针长针后，将2个立针共穿于钩针，再从挑针处穿针。

4. 如同步骤3再编织2次2针长针，将4个立针穿于钩针后，绕线拔针。

5. 编织1针锁针。

6. 铃铛花样编织完成后，将此针穿于右棒针后再继续编织原有花样。

12 贴身开衫 Tailored Cardigan

犹如量身定做般合身的开衫, 利用上、下针的收腰不仅使身材更显纤细, 还将女性的独特魅力突显得淋漓尽致。

难易度: ●●●○○
主要编织方法: 编织修身身线
毛线用量: 杏色羊毛粗花呢线275g（11团）
棒针: 3.5&4mm
规格: 21针 30行
成品尺寸: 胸围90cm, 长53cm
辅料: 纽扣（1.8cm）6个

Tip
连接各个织片时, 袖子的上、下针织片应与身片的修身设计完美结合。

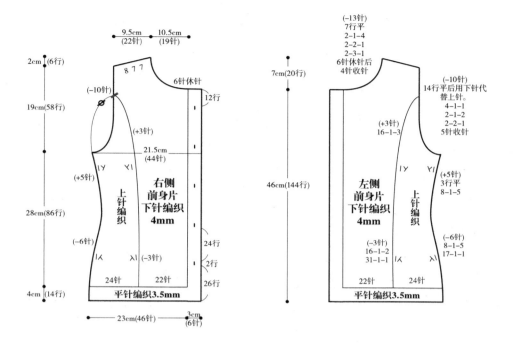

右侧
前身片
下针编织
4mm

左侧
前身片
下针编织
4mm

9.5cm (22针)　10.5cm (19针)

2cm(6行)

19cm(58行)

(−10针)

8 7 7

6针休针

12行

(+3针)

21.5cm (44针)

(+5针)

上针编织

(−6针)

24行

2行

26行

(−3针)

24针　22针

平针编织3.5mm

23cm(46针)　3cm (6针)

28cm(86行)

4cm(14行)

(−13针)
7行平
2−1−4
2−2−1
2−3−1
6针休针后
4针收针

7cm(20行)

(−10针)
14行平后用下针代
替上针。
4−1−1
2−1−2
2−2−1
5针收针

(+3针)
16−1−3

上针编织

(+5针)
3行平
8−1−5

46cm(144行)

(−3针)
16−1−2
31−1−1

(−6针)
8−1−5
17−1−1

22针　24针

平针编织3.5mm

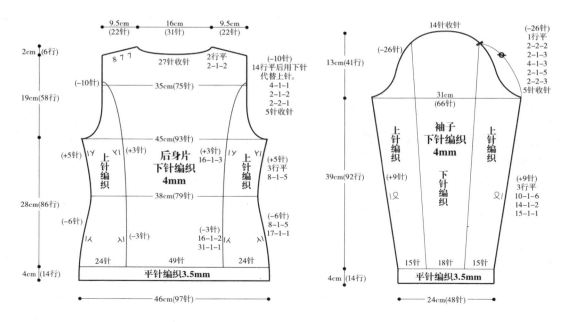

后身片
下针编织
4mm

袖子
下针编织
4mm

9.5cm (22针)　16cm (31针)　9.5cm (22针)

2cm(6行)

8 7 7

27针收针

2行平
2−1−2

(−10针)

(−10针)
14行平后用下针
代替上针。
4−1−1
2−1−2
2−2−1
5针收针

35cm(75针)

(+5针)

上针编织

(+3针)

45cm(93针)

(+3针)
16−1−3

上针编织

(+5针)
3行平
8−1−5

19cm(58行)

38cm(79针)

(−6针)

(−3针)
16−1−2
31−1−1

(−6针)
8−1−5
17−1−1

24针　49针　24针

平针编织3.5mm

46cm(97针)

28cm(86行)

4cm(14行)

14针收针

(−26针)

(−26针)
1行平
2−2−2
2−1−3
4−1−3
2−1−5
2−2−3
5针收针

13cm(41行)

31cm (66针)

上针编织

袖子
下针编织
4mm

下针编织

上针编织

(+9针)

(+9针)
3行平
10−1−6
14−1−2
15−1−1

39cm(92行)

15针　18针　15针

平针编织3.5mm

4cm(14行)

24cm(48针)

编织袖身部分

1. 为了使上、下针织片的交界线更加自然地形成弧形，在交界线外侧的上针处，每16行减1针，共减3次，再以同样的间隔加3针。
2. 袖子减针完成后，根据花样编织14行。此后在125行花样交界处用下针代替上针。
3. 3-1-2，2-1-3，1-1-6，按此顺序每次都用1针下针代替上针。
4. 下一行（内侧）正常编织后，再下一行（外侧）2针并1针后编织下针，使上、下针交界线向领口处弯曲。
5. 下针编织13行后，编织肩部。

编织前襟（桂花针）

1. 起52针编织28行底边后，前襟6针编织桂花针，编织至领口。
2. 第27行的边缘第5针处编织第一个纵向扣眼后，每隔26行，共编织5个纵向扣眼，领口处6针休针。

编织衣领

1. 在两侧衣襟各取6针，前领口各取20针，后领口取37针，共89针。
2. 编织9行下针后，隔3行编织1个纵向扣眼。
3. 从14行（内侧）起编织4行下针，形成2行平针后，在内侧下针收针。

编织衣领（下针编织，3.5mm）

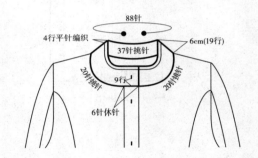

编织纵向小扣眼

1. 在外侧编织上针处，编织浮针使其形成一个孔。接下来2针左上并1针，编织扣眼。编织扣眼下端2行时，编织浮针拉伸扣眼。

2. 拉伸2行后，在第4行（内侧）按箭头方向将左棒针的3针穿于右棒针后编织下针。

3. 剩余针按原有花样编织。

4. 编织完成纵向小扣眼的图示。

13 强烈的补色对比马甲 Unbalanced Vest

将两种色差强烈的毛线相结合编织的一款马夹。右侧前身片采用了横向花样,打破了原有的纵向花样的单调,使整体设计更为巧妙。

难易度: ●●●○○
主要编织方法: 右侧前身片横向编织
毛线用量: 青绿色马海毛混纺线300g(3团),朱红色羊毛线150g(3团),青绿色渐变色羊毛线100g(2团)
棒针: 6&7mm
规格: 青绿色羊毛线14针 18行,右侧前身片渐变色羊毛线(2股)16针 22行
成品尺寸: 胸围90cm,长62cm
辅料: 纽扣(2.5cm)5个

Tip

右前侧身片的长度长于左身片约8cm。因此在后身的右侧取46针后,为增加8cm长度,新加13针后以59针编织右侧前身片。

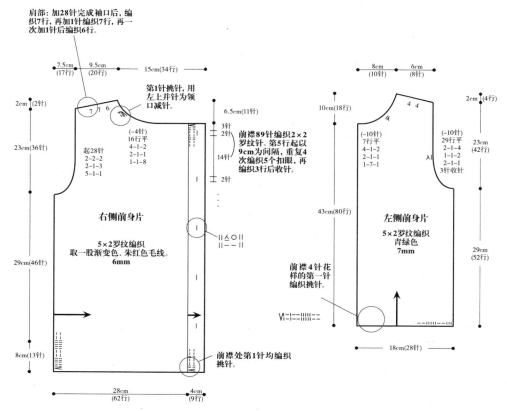

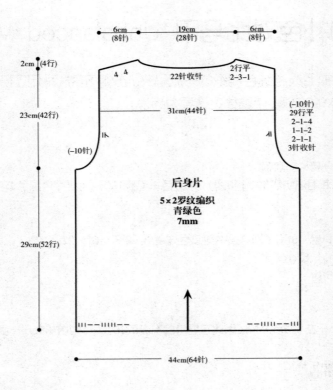

6cm
(8针)
19cm
(28针)
6cm
(8针)

2cm (4行)

4 4

22针收针

2行平
2-3-1

23cm(42行)

31cm(44针)

(−10针)
29行平
2-1-4
1-1-2
2-1-1
3针收针

(−10针)

后身片

5×2罗纹编织
青绿色
7mm

29cm(52行)

44cm(64针)

编织领口与袖身（2×2罗纹编织，6mm，青绿色）

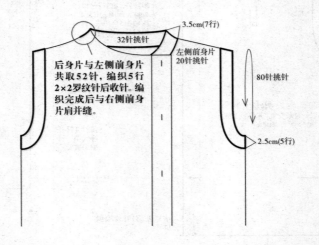

3.5cm(7行)

32针挑针

左侧前身片
20针挑针

80针挑针

后身片与左侧前身片
共取52针，编织5行
2×2罗纹针后收针。编
织完成后与右侧前身
片肩并缝。

2.5cm(5行)

14 花边长款束腰装 Lacy Long Tunic Dress

整体应用了孔雀羽毛般的花样,腰身两侧利用下针突显腰线。简化的花样使初学者容易掌握,底部花边也是一个亮点。

难易度: ●●●○○
主要编织方法: 编织V领
毛线用量: 青绿色羊驼绒混纺粗花呢线300g(6团)
棒针: 4&4.5mm
规格: 20针 30行
成品尺寸: 胸围86cm,长75cm

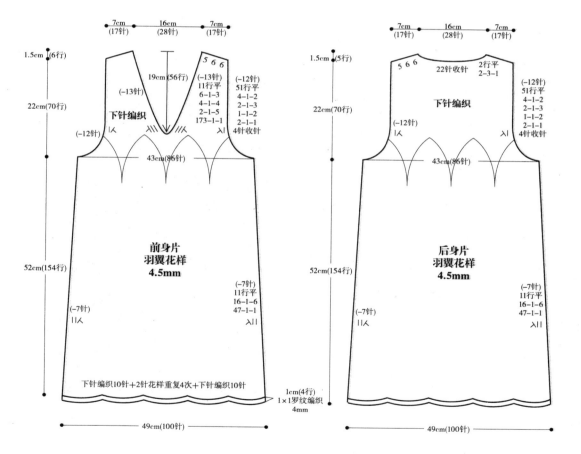

花样起始行
5行(外侧): 下针10针,编织羽翼花样,从起点处(P.82图中标记处)
起重复编织4次(80针),剩余10针下针。

编织花样

1. 收针后，编织3行1×1罗纹针，从第5行起编织花样。
2. 5行（外侧）：第10针编织下针，从下一针起编织以20针为单位的花样。每隔20针，共重复4次编织花样，最后10针编织下针后收针。

编织领口（1×1罗纹针, 4mm）

1. 从左侧肩部连接线起，在左、右两侧前身片各起51针，在前方中心处扭转针加1针，后身片取35针，共取150针。
2. 以环编编织6行1×1罗纹针后收针。此时，在前领中心处V字形的中心针立针，编织1针中上3针并1针，编织完成后每隔2行重复4次，共减8针打造V形领。

编织袖身（1×1罗纹针, 4mm）

共取124针以环编编织4行1×1罗纹针后收针。

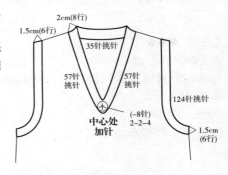

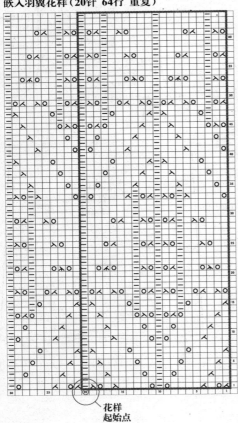

嵌入羽翼花样（20针 64行 重复）

花样
起始点

15 麻花花样羊绒套衫 Cashmere Cabled Pullover

完美结合了麻花花样与类似牵牛花的A形裙表现的古典风格。

难易度: ●●●○○
主要编织方法: 分散减针
毛线用量: 玫红色羊绒300g（12团）
棒针: 3.5&4mm
规格: 27针 36行
成品尺寸: 胸围80cm，长65cm

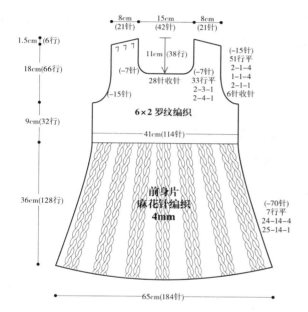

8cm（21针）　15cm（42针）　8cm（21针）

1.5cm（6行）
18cm（66行）

11cm（38行）
28针收针

（−7针）
（−15针）

（−15针）
51行平
2-1-4
1-1-4
2-1-1
6针收针

（−7针）
33行平
2-3-1
2-4-1

9cm（32行）

6×2 罗纹编织

41cm（114针）

36cm（128行）

前身片
麻花针编织
4mm

（−70针）
7行平
24-14-4
25-14-1

65cm（184针）

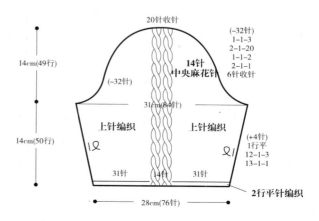

14cm（49行）

20针收针

（−32针）
1-1-3
2-1-20
1-1-2
2-1-1
6针收针

14针
中央麻花针

（−32针）

31cm（84针）

上针编织

上针编织

14cm（50行）

（+4针）
1行平
12-1-3
13-1-1

31针　14针　31针

2行平针编织

28cm（76针）

83

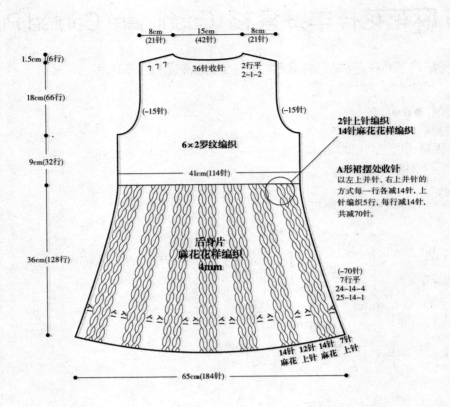

8cm
(21针)
15cm
(42针)
8cm
(21针)

1.5cm(6行)

36针收针
2行平
2-1-2

18cm(66行)

(-15针)
(-15针)

2针上针编织
14针麻花花样编织

6×2罗纹编织

9cm(32行)

41cm(114针)

A形裙摆处收针
以左上并针、右上并针的
方式每一行各减14针，上
针编织5行，每行减14针，
共减70针。

后身片
麻花花样编织
4mm

36cm(128行)

(-70针)
7行平
24-14-4
25-14-1

14针 12针 14针 7针
麻花 上针 麻花 上针

65cm(184针)

领口收针（平针编织，3.5mm）
共取144针编织1行上针，编织2行下针，使
其形成环编，再编织1行上针后收针。

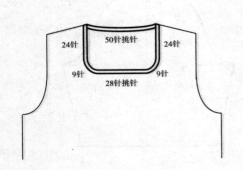

50针挑针
24针
24针
9针
9针
28针挑针

编织麻花花样（14针 8行 重复）

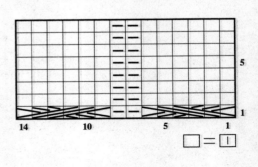

5

1

14   10   5   1

☐ = ☐

16 盖肩袖马甲 Yoke Vest

巧妙配合了三种颜色，穿出可爱气质。盖肩设计更添加娇小玲珑之美。

难易度: ●●●○○
主要编织方法: 编织盖肩
毛线用量: 羊驼绒混纺粗花呢线橙色100g（2团），古铜色、咖啡色、天蓝色各50g（1团）
棒针: 3.5&4mm
规格: 22针 30行
成品尺寸: 胸围86cm，长52cm
辅料: 纽扣（1.5cm）6个

Tip
在天蓝色部分10处，中心5针立针，在两侧对称进行分散减针打造盖肩。

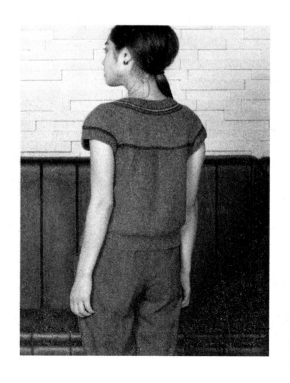

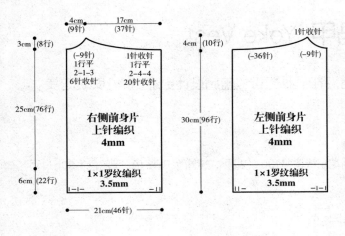

4cm（9针） 17cm（37针）

3cm（8行）

（-9针）
1行平
2-1-3
6针收针

1针收针
1行平
2-4-4
20针收针

右侧前身片
上针编织
4mm

25cm（76行）

6cm（22行）

1×1罗纹编织
3.5mm

21cm（46针）

4cm（10行）

1针收针

（-36针） （-9针）

左侧前身片
上针编织
4mm

30cm（96行）

1×1罗纹编织
3.5mm

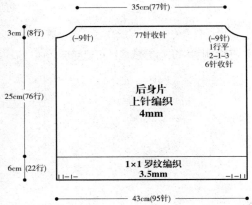

35cm（77针）

3cm（8行）

（-9针） 77针收针 （-9针）
1行平
2-1-3
6针收针

后身片
上针编织
4mm

25cm（76行）

6cm（22行）

1×1罗纹编织
3.5mm

43cm（95针）

编织领口、袖身、前襟(1×1罗纹编织, 3.5mm)

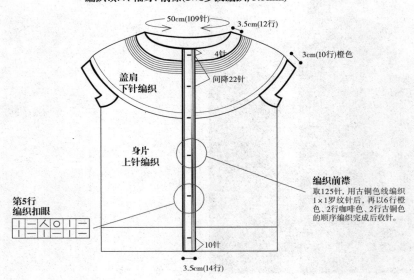

50cm（109针） 3.5cm（12行）

4针

3cm（10行）橙色

盖肩
下针编织

间降22针

身片
上针编织

编织前襟
取125针，用古铜色线编织
1×1罗纹针后，再以6行橙
色、2行咖啡色、2行古铜色
的顺序编织完成后收针。

第5行
编织扣眼

I	-	人	O	I	-	I
I	-	I	-	I	-	I

10针

3.5cm（14行）

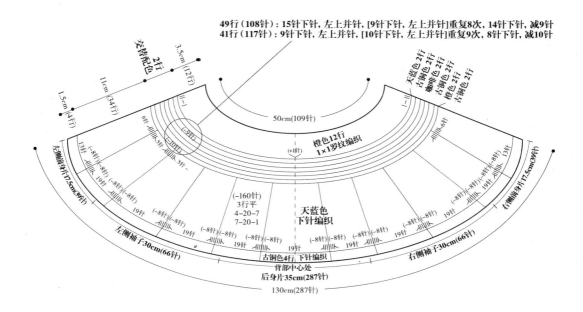

49行（108针）：15针下针，左上并针，[9针下针，左上并针]重复8次，14针下针，减9针
41行（117针）：9针下针，左上并针，[10针下针，左上并针]重复9次，8针下针，减10针

编织盖肩（下针编织，1×1罗纹针，3.5mm）

1. 使用古铜色线在左、右前襟共取39针，在左、右两袖处各起66针，在后身片取77针，共287针用来编织盖肩。
2. 用古铜色线编织3行下针，更换蓝色线。
3. 在第7行的10处，中心5针立针，在两侧对称分散减针，共减20针，减至267针。
4. 1行减20针，每隔4行共减7次，共减160针，减至127针。
5. 用蓝色线编织3行后，换古铜色线每2行换线编织。
6. 在41行9针下针，左上并针，[10针下针，左上并针]重复9次，8针下针，共减10针，减至117针。
7. 在49行15针下针，左上并针，[9针下针，左上并针]重复8次，14针下针，共减9针，减至108针。

17 开领套衫 Off Shoulder Pullover

露肩设计突显女性美丽的锁骨。

难易度: ●○○○○
主要编织方法: 使高领更加合身
毛线用量: 粉红色真丝混纺线600g (12团)
棒针: 4&4.5&5mm
规格: 17针 22行
成品尺寸: 胸围86cm, 长62cm

Tip
如想翻领更加舒适, 应使用比编织身片小一号的棒针。将整个领长3等分, 第1部分使用取针时使用的棒针编织, 第2部分使用小一号的棒针编织, 第3部分用编织身片使用的棒针 (取针棒针) 收针。

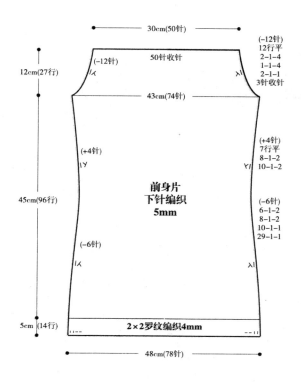

30cm(50针)

12cm(27行)

(-12针)
12行平
2-1-4
1-1-4
2-1-1
3针收针

(-12针)
50针收针

43cm(74针)

(+4针)
7行平
8-1-2
10-1-2

(+4针)

45cm(96行)

前身片
下针编织
5mm

(-6针)
6-1-2
8-1-2
10-1-1
29-1-1

(-6针)

5cm(14行)

2×2罗纹编织4mm

48cm(78针)

编织高领

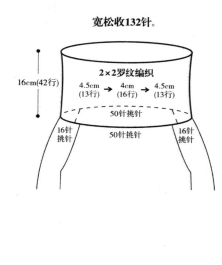

宽松收132针。

16cm(42行)

2×2罗纹编织

4.5cm
(13行) → 4cm
(16行) → 4.5cm
(13行)

50针挑针

16针
挑针   50针挑针   16针
挑针

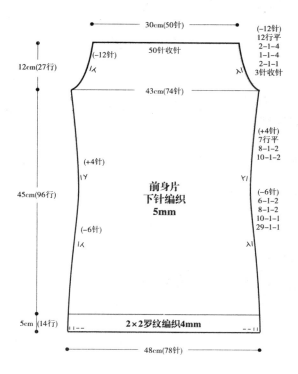

30cm(50针)

12cm(27行)

(-12针)
12行平
2-1-4
1-1-4
2-1-1
3针收针

(-12针)
50针收针

43cm(74针)

(+4针)
7行平
8-1-2
10-1-2

(+4针)

45cm(96行)

前身片
下针编织
5mm

(-6针)
6-1-2
8-1-2
10-1-1
29-1-1

(-6针)

5cm(14行)

2×2罗纹编织4mm

48cm(78针)

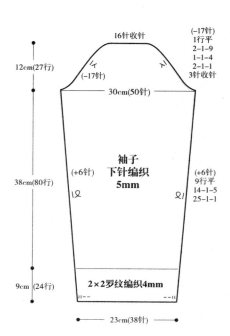

16针收针

(-17针)
1行平
2-1-9
1-1-4
2-1-1
3针收针

12cm(27行)

(-17针)

30cm(50针)

袖子
下针编织
5mm

38cm(80行)

(+6针)

(+6针)
9行平
14-1-5
25-1-1

9cm(24行)

2×2罗纹编织4mm

23cm(38针)

领口取针

1. 使用比编织身片细0.5～1mm的棒针,在织片表面的左侧肩部连接点取针。

2. 通常在纵向的4行中取3针。

3. 曲线或斜线的减针处必须取针。整针、半针交替取针。

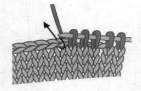

4. 横向织片处以1∶1进行取针。

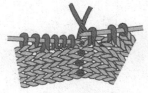

5. 取针时应注意左、右针数是否相同。

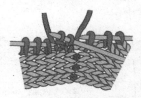

6. 将织片正面置于身前侧,以环编在领口编织2行花样。

18 嬉皮风复古套衫 Vintage Pullover

结合乞丐花样与独特的花式毛线打造华丽的嬉皮风格。

难易度: ●●●○○
主要编织方法: 乞丐花样编织
毛线用量: 特殊装饰线450g（9团）
棒针: 7mm
规格: 9针 18行
成品尺寸: 胸围92cm, 长68cm

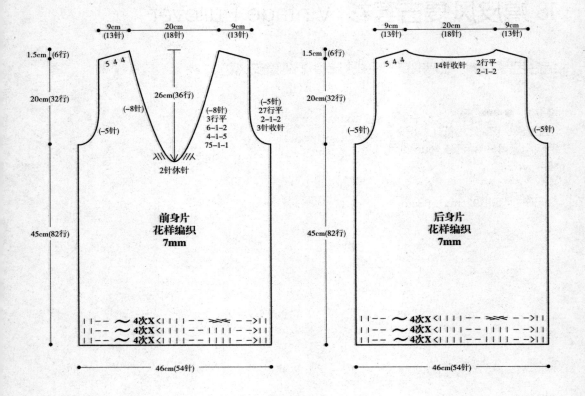

9cm (13针)   20cm (18针)   9cm (13针)

1.5cm (6行)

5 4 4

26cm(36行)

20cm(32行)

(−8针)

(−5针)

(−8针)
3行平
6−1−2
4−1−5
75−1−1

(−5针)
27行平
2−1−2
3针收针

2针休针

前身片
花样编织
7mm

45cm(82行)

	− − ~ 4次X <				−		− − >	
	− − ~ 4次X <				−		− − >	
	− − ~ 4次X <				−		− − >	

46cm(54针)

9cm (13针)   20cm (18针)   9cm (13针)

1.5cm (6行)

5 4 4

14针收针   2行平
2−1−2

20cm(32行)

(−5针)

(−5针)

后身片
花样编织
7mm

45cm(82行)

	− − ~ 4次X <				− −		>	
	− − ~ 4次X <				−		− − >	
	− − ~ 4次X <				−		− − >	

46cm(54针)

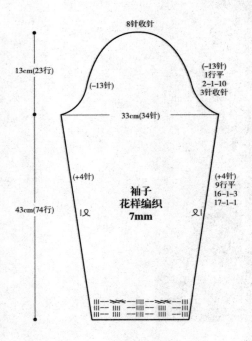

8针收针

13cm(23行)

(−13针)

(−13针)
1行平
2−1−10
3针收针

33cm(34针)

(+4针)

袖子
花样编织
7mm

(+4针)
9行平
16−1−3
17−1−1

43cm(74行)

编织麻花花样（12针 36行 重复）

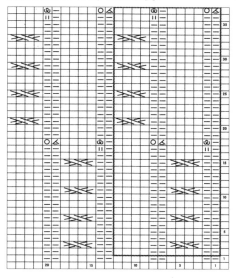

编织花样

1. 起针后从下一行（外侧）起编织第1行花样。此时，按照P.92前、后身片及袖子的图纸编织花样。
2. 重复编织以36行为单位的麻花针，直至袖身处后编织下针。

Ⅱ 乞丐花样：从棒针拔出1针，直至所需的长度。

Ⓞ 卷针加针：左右棒针绕线加1针。

⟋ 左上针并1针：2针同时编织出1针。

Ⓞ 编织扣眼：毛线置于身前侧，编织1针下针，编织1针浮针加针。

领口收针

共挑86针，
在下一行以上针收针。

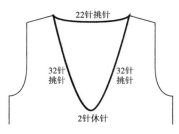

卷针加针 **Ⓞ**

1. 用手指按图示箭头方向卷线后挂于右棒针。

2. 拉紧挂于右棒针的尾线加1针后，编织1针下针。

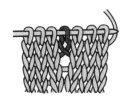

3. 编织完成卷针加针的图示。

19 糖果色连帽衫 Colorful Zip-Up Hoodie

完美结合了糖果色与白色滚边，强调了整体的活泼之美。华丽的色彩，更会让穿着的
人拥有愉悦的心情。

难易度: ●●●●○

主要编织方法: 编织滚边, 编织微斜口袋, 钩针并缝

毛线用量: 糖果色棉混纺粗花呢线500g（5团），白色棉混纺线50g（1团）

棒针: 3.5&4mm

规格: 18针 27行

成品尺寸: 胸围92cm, 长60cm

辅料: 拉链

1. 编织后身片。
2. 同时编织口袋及前身片。
3. 编织袖子, 左、右袖子必须相对称。此时, 在需要编织白色滚边处编织两条上针。
4. 连接前身片、后身片、袖子等织片, 在领口共取94针编织帽子。
5. 用比编织身片小3.5mm的棒针、白色毛线共取364针以2×2罗纹针编织前襟。
6. 用钩针、白色毛线沿袖子的上针与肩部连接线编织1行锁针。
7. 用白色线取针编织口袋边缘。
8. 使用缝纫机上拉链。

Tip

为了使白色滚边与袖子更完美地结合, 袖口加针时应在上针线的左右交替加针。

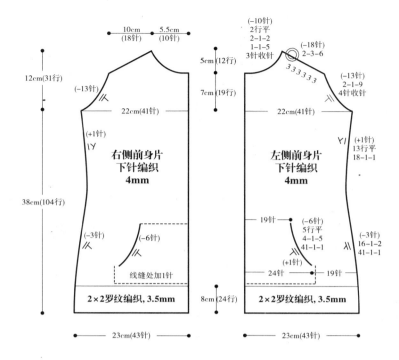

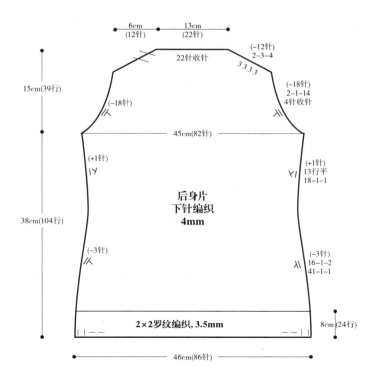

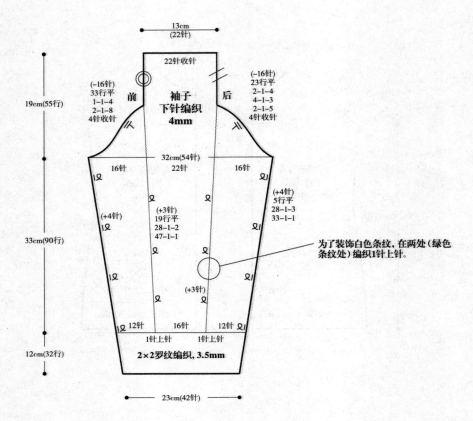

13cm
(22针)

22针收针

(-16针)
33行平
1-1-4
2-1-8
4针收针

前

袖子
下针编织
4mm

后

(-16针)
23行平
2-1-4
4-1-3
2-1-5
4针收针

19cm(55行)

32cm(54针)

16针

22针

16针

(+4针)
5行平
28-1-3
33-1-1

(+4针)

(+3针)
19行平
28-1-2
47-1-1

为了装饰白色条纹,在两处(绿色
条纹处)编织1针上针。

33cm(90行)

(+3针)

12针

16针

12针

1针上针

1针上针

2×2罗纹编织, 3.5mm

12cm(32行)

23cm(42针)

编织微斜口袋

1. 在41行侧线减1针,休18针后剩余24针编织口袋。

2. 口袋边缘处卷针加1针,加至25针后,如图减6针编织
   26行,在口袋外侧休19针。

3. 将前身片置于身前侧,从底边的第25行取26针后编织
   口袋内衬。

4. 编织16行下针,与第42行的18针休针进行连接。此时,
   身片休针与口袋内衬的连接处2针并针,使口袋更加牢
   固。

5. 按照P.95前身片图纸,在侧线减针的同时编织25行,
   完成口袋内衬与身片的侧线。

6. 口袋外侧的19针休针、口袋内衬的41针、口袋内衬的19
   针并针为1片织片。

7. 用3.5mm棒针、白色毛线,取28针编织4行2×2罗纹针
   后收针。

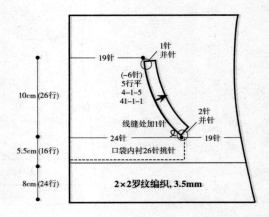

19针

1针
并针

(-6针)
5行平
4-1-5
41-1-1

10cm(26行)

线缝处加1针

2针
并针

24针

19针

口袋内衬26针挑针

5.5cm(16行)

8cm(24行)

2×2罗纹编织, 3.5mm

编织帽子（下针编织，4mm）

帽子顶端的52针折半为26针后使用缝针缝合。

入Ⅱ人
(−21针)
1–1–16
2–1–4
53–1–1(20cm处)

26针休针

33cm
(77行)

共94针挑针

22针右侧袖子

15针右侧前身片

15针左侧前身片

22针左侧袖子

20针后身片

编织前襟（2×2罗纹针，3.5mm，白色）

从右侧前身片的底边起沿前襟、帽子，到左侧前襟共取364针编织9行2×2罗纹针，与起始行的取针行并针编织后收针，前襟折半收尾。

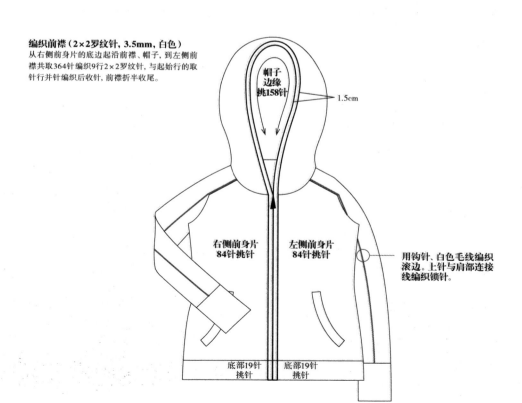

帽子边缘挑158针

1.5cm

右侧前身片84针挑针

左侧前身片84针挑针

用钩针、白色毛线编织滚边。上针与肩部连接线编织锁针。

底部19针挑针

底部19针挑针

97

连接帽子顶端

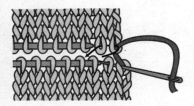 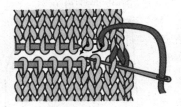 

1. 从后向前用缝针交替穿两织片的针，如图，按箭头方向依次穿线。

2. 按箭头方向从帽子的外侧穿进，再从外侧穿出，每1针穿2次。

3. 最后1针也应穿2次，两侧边缘只差半针。

装饰滚边

下针线

上针线

20 时尚长款开衫 Pleated Stylish Cardigan

开衫底边的纵向麻花针与身片形成了鲜明的对比。整身的两种颜色搭配得恰到好处，自然的高领设计也很抢眼。

难易度：●●●●○
主要编织方法：从后身片中心向外编织
毛线用量：羊驼绒混纺线正蓝色300g（6团）、天蓝色200g（4团）
棒针：4&5mm
规格：17针 24行
成品尺寸：胸围124cm，长71cm

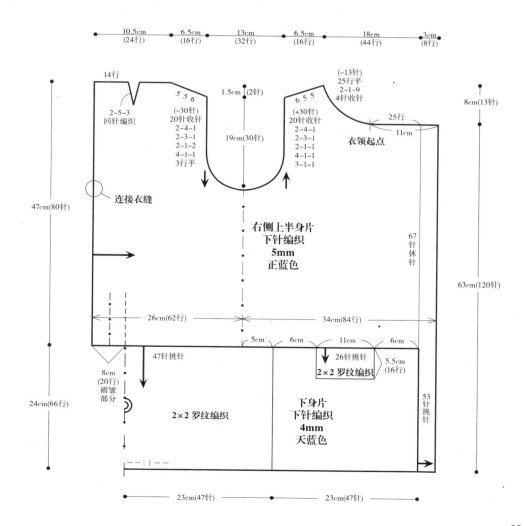

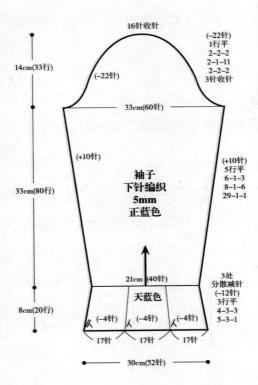

14cm(33行)

16针收针

(−22针)

(−22针)
1行平
2−2−2
2−1−11
2−2−2
3针收针

33cm(60针)

33cm(80行)

(+10针)

袖子
下针编织
5mm
正蓝色

(+10针)
5行平
6−1−3
8−1−6
29−1−1

21cm(40针)

天蓝色

3处
分散减针
(−12针)
3行平
4−3−3
5−3−1

8cm(20行)

(−4针)

(−4针)

(−4针)

17针

17针

17针

30cm(52针)

1. 用5mm棒针在后中心处，编织左、右2块后身片。棒针中剩余的67针休针，稍后用于编织前身片。此时，肩部可用回针的方法增加立体感。

2. 编织两片喇叭形袖口。

3. 为了使后中心的线缝朝外，使用缝针连接左、右两侧身片。

4. 为了使褶皱朝向后中心，折半形成3.5cm的褶皱后，用缝针固定。

5. 在两侧上身片的底边取针后编织下侧身片。

6. 前身片的取针加上后身片的休针，共120针编织2×2罗纹针。

7. 用缝针连接袖子缝线后连接至身片。

8. 将身片的内侧置于身前侧，取94针编织2×2罗纹针，即衣领。此时，两侧边缘加针，使衣领更美观。

9. 用蓝色毛线在下身片合适的位置取针编织口袋。

编织下侧身片（下针编织，2×2罗纹针，4mm，天蓝色）

1. 面向上身片，在底边以每6行取5针的比例共取188针。
2. 中间94针编织2×2罗纹针，两侧47针编织66行下针。
3. 68行（内侧）以上针收针。

编织前襟（2×2罗纹针，4mm，正蓝色）

身片的67针休针和在下身片侧面取的53针，共120针编织6行2×2罗纹针，前3针应以上针收针，继续编织花样。

编织衣领（2×2罗纹针，4mm，天蓝色）

面向身片内侧，在前身片的领口各取22针，后领口取50针共94针，编织45行2×2罗纹针的同时在两边各加2针，共加4针，编织完成后收针。

编织袖口（下针编织，4mm，正蓝色）

起52针编织4行后，在第5行每隔17针在3处以1针为单位分散减针。每4行减3针共重复3次，共减12针，可打造出喇叭形袖口。

编织口袋（2×2罗纹针，4mm，天蓝色）

在与下身片中心点连接的上身片26行中取26针编织16行2×2罗纹针。可打造类似口袋的样式。

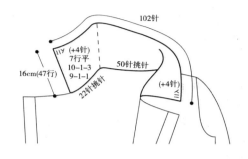

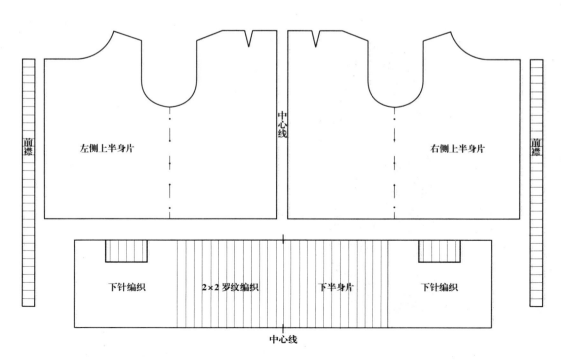

21 简洁长款开衫 Simple Long Vest

交替上、下针编织出来的长款开衫。此款开衫并没有运用任何特殊的减针方法，初学者也可以熟练掌握。

难易度: ●●○○○
主要编织方法: 编织双层衣领及双层罗纹针, 纵向编织扣眼、口袋
毛线用量: 黑色羊毛粗花呢线500g（5团）
棒针: 4&4.5&5mm
规格: 16针 24行
成品尺寸: 胸围95cm, 长78针
辅料: 纽扣（2.5cm）3个

Tip
1. 前襟与开缝处编织3针下针, 边缘第1针编织完成后, 拉紧毛线, 再编织1针挑针纺织卷边。
2. 编织前、后身片袖身4针时, 边缘3针编织下针, 第4针编织上针防止卷边。

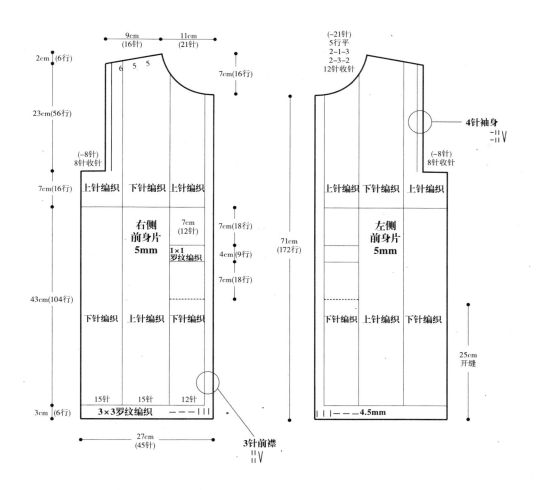

2cm (6行)

9cm
(16针)

11cm
(21针)

6 5 5

7cm(16行)

(−21针)
5行平
2-1-3
2-3-2
12针收针

23cm(56行)

7cm(16行)

(−8针)
8针收针

4针袖身

(−8针)
8针收针

上针编织　下针编织　上针编织

右侧
前身片
5mm

7cm
(12针)

7cm(18行)

1×1
罗纹编织

4cm(9行)

71cm
(172行)

7cm(18行)

43cm(104行)

下针编织　上针编织　下针编织

上针编织　下针编织　上针编织

左侧
前身片
5mm

下针编织　上针编织　下针编织

25cm
开缝

15针　　15针　　12针

3×3罗纹编织

4.5mm

3cm (6行)

27cm
(45针)

3针前襟

编织高领及扣眼

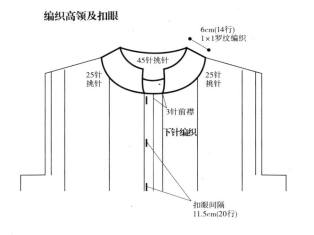

6cm(14行)
1×1罗纹编织

45针挑针

25针
挑针

25针
挑针

3针前襟

下针编织

扣眼间隔
11.5cm(20行)

编织口袋

1. 前身片的35cm处，即从85针起，除前襟3针，编织12针1×1罗纹针，共编织8行后收针。

2. 为了编织口袋芯，在前身片的28cm处，将前身片的里面置于前身侧，从边缘第3针共取14针。编织26行下针后收针。

3. 连接身片与口袋时，身片与口袋边缘的针重叠编织，使口袋更加牢固。

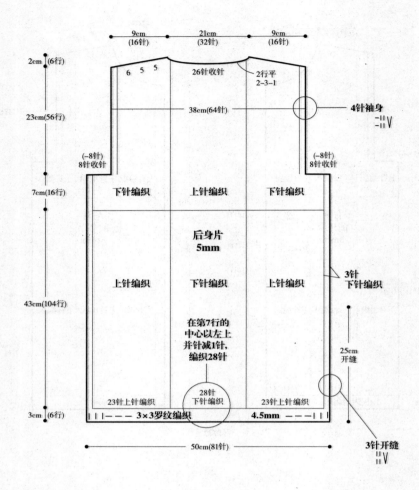

编织双层衣领

1行：使用2个4.5mm棒针，除前襟3针外，共取95针。正、反面同时取针（190针）。

2行：首选下针编织外侧95针，再以环编连接内侧95针，编织下针。

3行：按第2行的方式编织190针下针。

4行（外侧）：编织外侧95针，编织1行下针。

5行（内侧）：内侧编织1行上针的同时，将双层衣领并为95针。

6行（外侧）：用4.5mm棒针[下针1针，浮针1针]重复此步骤，最后1针编织下针的同时编织双层罗纹针。

7行（内侧）：[浮针1针，下针1针]重复此步骤，最后一针编织下针的同时编织双层罗纹针。

8~13：再编织2行双层罗纹针，更换4mm棒针编织4行花样。

14行（内侧）：下针与浮针并针1针，编织下针后收针。

22 超前卫开衫 Avant-Garde Cardigan

用独特的拼接方式打造出的一款毛衣，可根据不同的穿着方式与搭配演绎不同风格。

难易度: ●●●●○
主要编织方法: 乞丐花样
毛线用量: 天蓝色粗花呢线800g（16团）
棒针: 4mm
规格: 24针 30行
成品尺寸: 胸围96cm，长50cm

1. 编织两侧前身片、前襟、后身片和后身片底边，2片袖子。
2. 用缝针连接后身片的底边。
3. 用缝针连接前、后身片的肩线。此时左侧前身片下端（图中黑粗实线处）与后身片连接12cm左右。
4. 用缝针连接左、右两侧前身片与前襟。
5. 用缝针连接2片前襟。
6. 连接完成的2片前襟与后身片连接，此时，两片前襟的连接线应处于后身片的中心处。
7. 连接袖子的边线后，与身片连接。

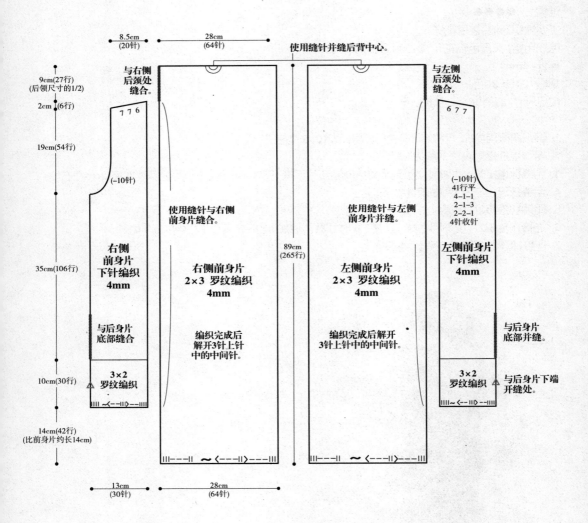

8.5cm
(20针)

28cm
(64针)

使用缝针并缝后背中心。

9cm(27行)
(后领尺寸的1/2)

与右侧
后颈处
缝合。

与左侧
后颈处
缝合。

2cm(6行)

7 7 6

6 7 7

19cm(54行)

(-10针)

(-10针)
41行平
4-1-1
2-1-3
2-2-1
4针收针

使用缝针与右侧
前身片缝合。

使用缝针与左侧
前身片并缝。

右侧
前身片
下针编织
4mm

35cm(106行)

右侧前身片
2×3 罗纹编织
4mm

左侧前身片
2×3 罗纹编织
4mm

左侧
前身片
下针编织
4mm

89cm
(265行)

与后身片
底部缝合

编织完成后
解开3针上针
中的中间针。

编织完成后解开
3针上针中的中间针。

与后身片
底部并缝。

10cm(30行)

3×2
罗纹编织

3×2
罗纹编织

与后身片下端
开缝处。

14cm(42行)
(比前身片约长14cm)

13cm
(30针)

28cm
(64针)

起50针编织5行3×2罗纹针，在第7行袖口处加2针。每2行加3针、5针、5针，加13针后再起27针，共加42针。

编织8行后加1针，在第8行加1针，加至94针。编织10行后减1针。在第4行再减1针后编织38针。

编织后颈中心的38行后，加1针编织4行，再加1针，编织9行后，在第10行减1针，在第8行减1针后编织8行，用92针编织肩线。

1cm（2针）

18cm（42针）

21cm（50针）

8.5cm（26行）

18cm（48行）

8.5cm（26行）

8 8 10

38行平

10 8 8

4-1-1
1-1-1

4-1-1
1-1-1

（+42针）
加27针
2-5-2
2-3-1
7-2-1

（-42针）
27针收针
2-5-2
2-3-1
6-2-1
1行平

40cm（94针）

后身片
3×2罗纹编织

起50针

50针
收针

45cm（130行）

使用缝针并缝

与前身片的边线并缝

26cm（61针）

3cm（7针）

12cm

12cm

3×2
罗纹编织

后身片底部
下针编织

3×2
罗纹编织

2行交替平针编织

10cm（30行）

69cm（208行）

10cm（30行）

2行交替平针编织
7针4行重复
1行（正面）：下针编织
2行（反面）：上针编织
3行（正面）：上针编织
4行（反面）：下针编织

14cm（39行）

20针收针

（-29针）
1行平
2-4-1
2-2-2
2-1-13
2-2-2
4针收针

（-29针）

32cm（78针）

（+8针）

袖子
下针编织

（+8针）
5行平
6-1-2
8-16

40.5cm（122行）

26cm（62针）

在4处各减6针，共减24针。

（-24针）
10-4-4
8-4-1
19-4-1

人 K19 人 K19 人 K19 人 K19

3.5cm（10行）

36cm（86针）

11行：以扭转针加针，共加至原针数的2倍（44针→86针）。
（行，除缝口外）

K19：19针下针编织

18cm（44针）

107

23 骑士风夹克 Rider Jacket

用类似羊毛的毛圈花式线编织底部、前襟、翻领等,完美打造骑士风格。

难易度: ●●●●●
主要编织方法: 编织翻领,锁针刺绣装饰
毛线用量: 羊毛原色毛圈花式线300g(3团),灰褐色羊毛粗花呢线500g(5团)
棒针: 6mm
规格: 14针 19行
成品尺寸: 胸围90cm,长53cm
辅料: 牛角扣、皮带

1. 编织后身片。
2. 编织两侧前身片。
3. 编织两侧袖子。
4. 连接前、后身片,袖子等织片。
5. 编织底边。
6. 编织前襟。
7. 编织翻领。
8. 编织衣领。
9. 在前身片立针处装饰刺绣。
10. 固定牛角扣和皮带。

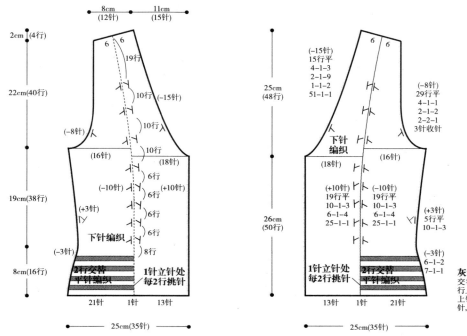

右侧前身片

左侧前身片

右侧前身片标注：
- 8cm（12针）　11cm（15针）
- 2cm（4行）
- 6　6
- 19行
- 22cm（40行）
- 10行（-15针）
- 10行
- （-8针）
- 10行
- （16针）　（18针）
- 6行
- （-10针）　6行　（+10针）
- 19cm（38行）　6行
- （+3针）　6行
- 下针编织
- 8行
- （-3针）
- 2行交替平针编织
- 1针立针处每2行挑针
- 8cm（16行）
- 21针　1针　13针
- 25cm（35针）

左侧前身片标注：
- （-15针）15行平 4-1-3 2-1-9 1-1-2 51-1-1
- 25cm（48行）
- 6　6
- （-8针）29行平 4-1-1 2-1-2 2-2-1 3针收针
- 下针编织
- （18针）　（16针）
- （+10针）19行平 10-1-3 6-1-4 25-1-1　（-10针）19行平 10-1-3 6-1-4 25-1-1
- 26cm（50行）
- （+3针）5行平 10-1-3
- （-3针）6-1-2 7-1-1
- 1针立针处每2行挑针
- 2行交替平针编织
- 13针　1针　21针
- 25cm（35针）

灰色区域：
交替编织2行下针和2行上针，在平针编织的上针侧，共编织4组上针，即共编织8行。

前身片编织1行1针立针（图中细虚线）

外侧编织挑针，内侧编织上针，重复编织可形成均匀的立针。
在一侧加针，同时在另一侧减针，使1针立针沿身片自然与袖子连接。

左侧前身片图解

1行: 用6mm棒针编织起35针。

2行（内侧）: 所有针编织上针。

3行（外侧）: 21针上针，1针挑针，13针下针。

4行: 13针上针，1针上针，21针下针。

5行: 21针下针，1针挑针，13针下针。

6行: 所有针编织上针。

7行: 前2针右上并针，19针上针，1针挑针，13针下针，减1针（34针）。

8行: 13针上针，1针上针，20针下针。

9行: 20针下针，1针挑针，13针下针。

10行: 所有针编织下针。

11行: 20针上针，1针挑针，13针下针。

12行: 13针上针，1针上针，20针下针。

13针: 前2针右上并针，18针下针，1针挑针，13针下针，侧线减1针（33针）。

14行: 所有针编织上针。

15行: 19针上针，1针挑针，13针下针。

16行: 13针上针，1针上针，19针下针。

17行: 19针下针，1针挑针，13针下针。

18行: 所有针编织上针。

19行: 前2针右上并针，17针下针，1针挑针，13针下针，减1针。

20~24行: 在指定的位置立1针，编织下针。

25行: 16针下针，2针右上并针，1针挑针，右加针，剩余

13针编织下针（32针，25-1-1）。

26行: 所有针编织上针。

27行: 17针下针，1针挑针，14针下针（32针）。

28行: 所有针编织上针。

29行: 第一针下针，右加针，16针下针，1针挑针，14针下针（33针）。

30行: 所有针编织上针。

31行: 16针下针，左上并针，1针挑针，右加针，14针下针（33针，6-1-1）。

32行: 所有针编织上针。

33行: 17针下针，1针挑针，15针下针（33针）。

34~35行: 编织方法与32~33行相同。

36行: 所有针编织上针。

37行: 15针下针，左上并针，1针挑针，右加针，15针下针（33针，6-1-2）。

38行: 所有针编织上针。

39行: 第1针下针，右加针，15针下针，1针挑针，16针下针，侧线加1针（34针）。

40行: 所有针编织上针。

41行: 17针下针，1针挑针，16针下针（34针）。

42行: 所有针编织上针。

43行: 15针下针，左上并针，1针挑针，右加针，16针下针（34针，6-1-3）。

44行: 所有针编织上针。

45行: 16针下针，起针挑针，17针下针（34针）。

46~47行: 编织方法与44~45行相同。

48行: 所有针编织上针。

49行: 第1针下针，右加针，13针下针，左上并针，1针挑针，右加针，17针下针（35针，6-1-4）。

50行: 所有针编织上针。

51行: 16针下针，1针挑针，16针下针，最后2针右上并针，开始编织领口（34针）。

52行: 前2针左上并针编织上针，剩余针编织上针（33针）。

53行: 16针下针，1针挑针，14针下针，最后2针左上并针（32针）。

54行: 所有针编织上针。

55行: 4针下针收3针，12针下针，1针挑针，13针下针，最后2针左上并针，在领口减针的第4行处起编织袖身。

56行: 从56行，所有偶数行编织上针。

57行: 3针下针收2针，10针下针，1针挑针，12针下针，最后2针左上并针（25针）。

59行: 前2针左上并针，7针下针，后2针左上并针，1针挑针，右加针，11针下针，最后2针左上并针（23针，10-1-1）。

61行: 前2针左上并针，7针下针，1针挑针，11针下针，最后2针左上并针（21针）。

63行: 8针下针，1针挑针，10针下针，最后2针左上并针（20针）。

65行: 前2针右上并针，6针下针，1针挑针，9针下针，最后2针左上并针（18针）。

67行: 7针下针，1针挑针，8针下针，最后2针左上并针（17针）。

69行: 5针下针，后2针左上并针，1针挑针，7针下针，最后2针左上并针（15针，10-1-2）。

71行: 6针下针，1针挑针，6针下针，最后2针左上并针（14针）。

73行: 6针下针，1针挑针，7针下针（14针）。

75行: 6针下针，1针挑针，右加针，5针下针，最后2针左上并针（14针）。

77行: 6针下针，1针挑针，7针下针（14针）。

79行: 4针下针，后2针左上并针，1针挑针，右加针，5针下针，最后2针左上并针（13针，10-1-3）。

81行: 5针下针，1针挑针，7针下针（13针）。

83行: 5针下针，1针挑针，5针下针，最后2针左上并针（12针）。

84~94行: 共11行编织原有花样。

95行（外侧）: 12针下针，编织休针。

96行: 编织上针，直至剩余6针，翻转织片。

97行: 挂针1针，编织5针下针。

98行（内侧）: 所有针编织上针后收针。

* 右侧前身片的编织方法与左侧上身片的编织方法相对称。后身片的编织方法与前身片大致相同，可以参考前身片。袖子的编织方法简单，不作详解。

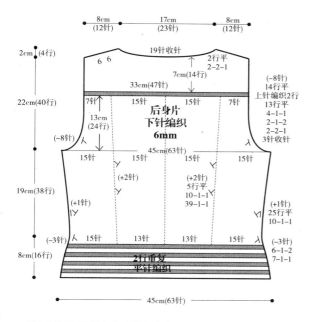

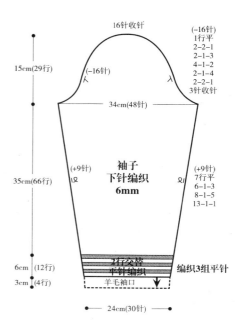

后身片编织1行1针立针（图中细虚线）

编织3组1针立针。边线处加针时，在各1针立针的内侧和边线处分散加针，使立针1针自然展开。

编织羊毛袖口（虚线）

取30针编织4行上针后收针。

编织衣领（平针编织，20行，6mm）

1. 翻领编织完成后，从圆圈标识的翻领中间点，到另一侧翻领中间点处取针，编织衣领备用。
2. 身片内侧置于身前侧，在两侧前身片各取针12针，后身片取14针，共44针。
3. 编织18行下针后，以下针收针。

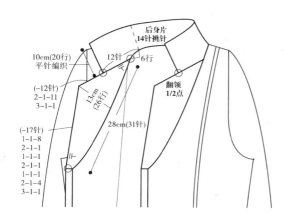

编织右侧翻领（平针编织，26行，6mm）

1. 右侧前身片的内侧置于身片侧，从前襟第3针起取针。一直到肩线的第6行处（蓝色圆圈），每2行取1针，共取31针。
2. 2行（衣领内侧，身片外侧）全部编织下针（31针）。
3. 3行（衣领外侧，身片内侧）在两侧边缘第2针处减针（27针）。
4. 4行编织下针。
5. 5行在两侧边缘第2针处减针（27针）。
6. 按上述说明编织，直至剩2针，翻领两侧不对称。
7. 在翻领内侧将剩余2针收针，编织出三角形的翻领。

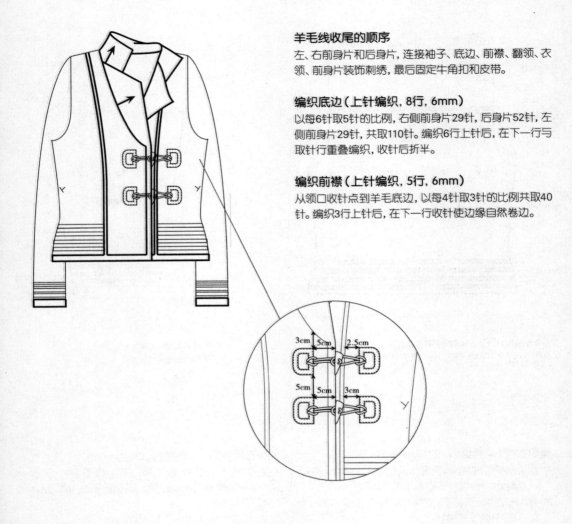

羊毛线收尾的顺序

左、右前身片和后身片,连接袖子、底边、前襟、翻领、衣领、前身片装饰刺绣,最后固定牛角扣和皮带。

编织底边(上针编织, 8行, 6mm)

以每6针取5针的比例,右侧前身片29针,后身片52针,左侧前身片29针,共取110针。编织6行上针后,在下一行与取针行重叠编织,收针后折半。

编织前襟(上针编织, 5行, 6mm)

从领口收针点到羊毛底边,以每4针取3针的比例共取40针。编织3行上针后,在下一行收针使边缘自然卷边。

3cm   5cm   2.5cm

5cm   5cm   3cm

前身片 1针立针处装饰滚边

与糖果色连帽衫(P.94)装饰滚边的方法相同,此处用缝针代替钩针使用。

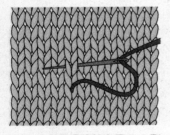

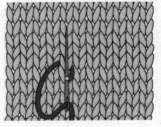

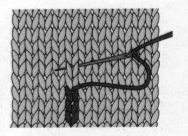

1. 从后向前将缝针穿于"V"形针,使原有的针重叠为两层。

2. 将针再次穿进原有的中心处,纵向穿针再从上一针的中心穿出。

3. 重复编织步骤1~2即可完成下针织片的滚边装饰。

24 拼布开衫 Patchwork Cardigan

在前襟与袖子上点缀传统风格的装饰片，打造优雅独特的开衫。

难易度: ●●●●○

主要编织方法: 编织装饰片

毛线用量: 灰色羊毛线500g（10团），紫色渐变色羊毛混纺线50g（1团）

棒针: 3.5&4mm

规格: 下针织片22针 30行, 后身片2×8罗纹针 24针 30行

成品尺寸: 胸围86cm, 长55cm

辅料: 纽扣（2cm）7个

1. 编织右侧前身片使用的装饰片6个，袖子使用的装饰片10个。

2. 用缝针连接前身片用的装饰片。

3. 连接5片袖子用装饰片，共2组。

4. 编织后身片。

5. 编织右侧前身片，编织22行罗纹针后，休针18针，再以卷针加衣缝处1针后，剩余45针编织下针。

6. 右侧前身片编织完成后，用缝针纵向连接线缝与装饰片。再连接18针休针与装饰片。

7. 编织左侧前身片。

8. 在装饰片的横向顶端取70针编织袖子。

9. 在装饰片的横向底端取70针编织8行下针，以平针收针。

10. 前襟与身片、袖子与身片连接后，在两侧前襟各取119针编织12行2×3罗纹针。此时在前襟每隔18针编织6个2针扣眼。

11. 沿领口取129针编织24行2×3罗纹针。在第13针编织扣眼。

Tip

1. 编织正方形装饰片时，袖子装饰片的大小为31针30行花样，身片装饰片的大小为37针36行。

2. 编织衣领时，用3.5mm棒针编织11行，更换3mm棒针继续编织11行后收针，使衣领更贴服。

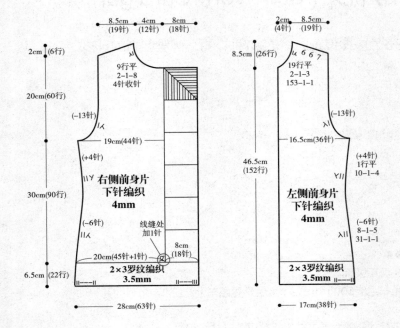

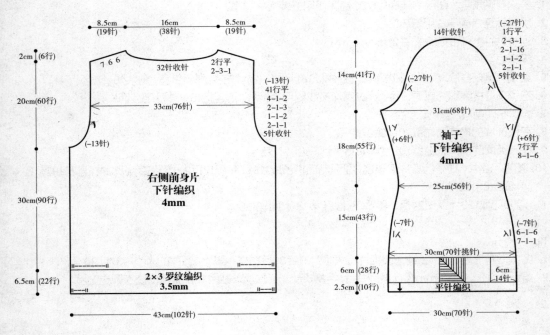

编织衣襟与高领（2×3罗纹编织）

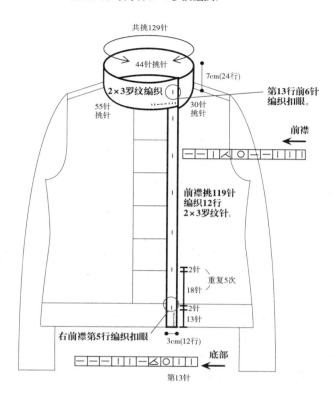

共挑129针

44针挑针

2×3罗纹编织

7cm(24行)

第13行前6针编织扣眼。

55针挑针

30针挑针

前襟

前襟挑119针编织12行2×3罗纹针。

2针
18针 重复5次
2针
13针

右前襟第5行编织扣眼

3cm(12行)

底部

第13针

编织前襟装饰片（37针 36行，4mm）6个　　　　编织袖子装饰片（31针 30行，4mm)10个

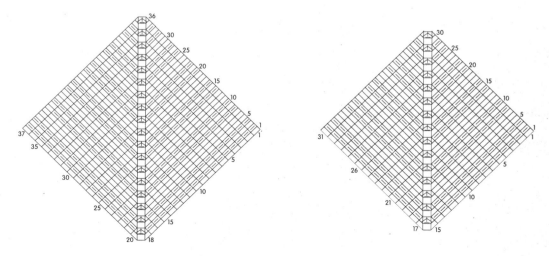

教你读懂毛线标签

大多数毛线用纸进行包装，包装上详细说明了毛线成分，特殊加工法（防虫加工、防缩加工、丝光处理等），洗涤方法，包装规格，产地，加工厂，毛线是否合格，颜色编号，染色编号等编织所需的重要信息，了解标签内容极为重要。其中最应该了解的便是标准规格、棒针规格、毛线长度和织物所需毛线量。

规格

表示10cm²中包含的针数与行数。英文中M或S，sts等表示针数，R，row等表示行数。例中表示的便是编织10cm²织片所需的针数与行数为21针，30行。编织前使用准备的毛线和棒针编织横、纵约15cm长，洗涤晾干后平铺。计算横、纵的针数与行数的步骤称为"计算规格"。根据不同的手法，用相同规格编织出的织片大小也会有所差异，因此编织前有必要亲自计算规格。

棒针大小

如例示，本织物适用4mm棒针。可根据不同手法选择相差0.5mm的棒针。编织手法细密的可使用大于建议棒针型号0.5～1mm的棒针，编织手法宽松的可使用小于棒针型号的针即可。

毛线的重量与长度

1团毛线的规格为50g，长约180m。

线的质地

介绍了线的质地，例示中的毛线为70%羊毛和30%尼龙的混纺线。

颜色编号

是统一的颜色编号，若需要增加线量，不仅颜色编号要一致，染色编号也应一致，只有这样才能保证颜色的统一。

产品批号

颜色编号相同时，若生产批号不同，颜色也有可能有很大的差距。因此准备所需毛线时最好一次性备足整个作品的量。

洗涤标签说明

1. 温水手洗，可水洗。
2. 可干洗。
3. 禁染色、漂白。

洗涤标签说明

1. 用2挡中温，遮布熨烫。
2. 可拧干。
3. 阴干。

毛线用量

本标识为编织图示规格的毛衣所需毛线的估计值。即编织规格为40的长袖毛衣约需要400g的毛线。

（标签中部文字）

首尔市·锺路区
昭格洞35-3号
www.danju.co.kr

丹珠 *danju*

Multico Wool

Wool 70%
Nylon 30%

180m / 50g

Col. No. 22

Lot No. 30

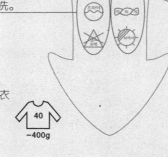

40
~400g

图纸详解

后身片
解读图纸注意事项

1. 由于个人手法不同，因此解读图纸时应该以表示的
   参数作为参考。编织32行的罗纹底边时，若达不到
   12cm，应多编织1~2行完成尺寸。选择棒针时也是
   如此，可选择与建议值相差0.5~1mm的棒针进行
   编织，对比后，选择最接近规格的棒针。

2. 细数行数时，应包含起针与收针的行。若没有进行
   特殊说明，起针行作为第1行。

3. 若没有明确标识加针、减针的点，应在边缘进行加
   针、减针步骤。线缝处的针始终编织下针。

解读后身片图纸

RS(Right Side)：织片外侧

WS(Wrong Side)：织片内侧

1行（RS）：用深灰色毛线和3.5mm棒针起133针。

2行（WS）：将最后与左身片连接的第1针（线缝）编织
上针，继续交替编织上、下针的1×1罗纹针。

3行（RS）：第1针（线缝）编织下针，继续编织罗纹
针。

4~12行：重复编织2、3行，共编织9行1×1罗纹针，完
成3.5cm底边。

13行（RS）：更换4mm棒针编织下针，将花样替换为下
针。

14（WS）：所有针编织上针。

15~32行：重复编织13、14行，将身片编织为下针。

33行（RS）：在两侧边缘各减2针，打造侧线（111针，
33-1-1）。即编织2行下针后第3、第4针右上并针，
继续编织直至左侧棒针剩余4针。在另一侧边缘第3
针、第4针并针（左上并针），最后2针编织下针，完成
33行-1针-1行的侧线减针步骤。最后2针下针编织。

34~48行：编织15行下针。

49行（RS）：从侧线减针行到第49行以相同的方式在
两侧进行减针（109针，16-1-1）。

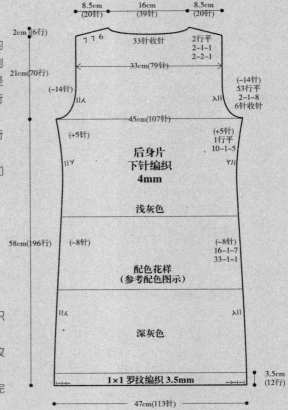

50~60行：编织11行下针。

61行（RS）：根据配色图进行配色花样编织。

62~64行：根据配色图进行3行配色花样编织。

65行（RS）：以相同的方式在两侧的边缘减针（107针，
16-1-2）。

66~80行：根据配色图的顺序编织15行配色花样。

81行（RS）：在两侧边缘进行减针（105针，16-1-3）。

82~96行：根据配色图的顺序编织15行配色花样。

97行（RS）：在两侧边缘进行减针（103针，16-1-4）。

98~106行：根据配色图编织9行配色花样。

107行（RS）：更换灰色线编织下针。

108~112行：编织5行下针。

113行（RS）：在两侧边缘进行减针（101针，16-1-5）。

114~128行：编织15行下针。

129~144行：重复编织113~128行步骤，在两侧边缘各减1针（99针，16-1-6）。

145行（RS）：在两侧边缘进行最后一次减针步骤（97针，16-1-7）。

146~154行：编织9行下针。

155行（RS）：编织2针下针后右加针1针，继续编织直至棒针剩余2针，左加针1针，最后2针编织下针后在侧线进行加针步骤（99针，10-1-1）。

156~164行：编织9行下针。

165行（RS）：以155行相同的方式在侧线进行加针（101针，10-1-2）。

166~195行：重复编织3次156~165行步骤，在两侧各减3针（107针，10-1-3~10-1-5）。

196行（WS）：按原针数编织上针（1行平）。

197行（RS）：前6针编织下针收针后剩余针编织下针形成袖身（101针）。

198行（WS）：前6针编织上针收针后剩余针编织上针（95针）。

199行（RS）：编织2针下针，第3针、第4针右上并针减1针，继续编织下针直至左棒针剩余4针。另一侧边缘第3针、第4针左上并针减1针，继续编织下针直至剩余2针（93针，2-1-1）。

200行（WS）：编织上针。

201~212行：重复6次199行、200行步骤（81针，2-1-2~2-1-7）。

213行（RS）：在两侧边缘进行袖身处最后减针步骤（79针，2-1-8）。

214~266行：按原针数编织53行下针，总长为21cm（53行平）。

267行（RS）：编织滑针，以回针的方式编织袖身和后领。将包含右侧肩部20针与后领曲线处3针的共23针编织下针，左棒针剩余针休针。

268行（WS）：第1针挑针收2针后编织14针上针直至左棒针剩余7针，翻转织片（2-2-1）。

269行（RS）：编织滑针，第1针空针剩余13针编织下针。

270行（WS）：第1针滑针收1针后编织6针上针，再次翻转织片（2-1-1）。

271行（RS）：编织滑针，第1针挑针剩余5针编织下针。

272行（WS）：从第1针到回针的挑针处编织上针，下一针滑针，在织片内侧穿出，与下1针更换顺序同时编织上针。以上述方式编织6行右侧袖身。右侧肩部20针休针，用于与后身片进行连接，预留大于肩部3倍的毛线。再次回到编织左侧袖身预留的267行。

267行（RS）：将棒针移至后领、左侧肩部的休针，开始编织与右侧对称的左侧袖身。面向织片的外侧，连接新毛线，后领中心33针收针，剩余23针编织下针。

268行（WS）：23针编织上针。

269（RS）：第1针挑针收2针（后领部分），编织14针下针直至左棒针剩余7针，翻转织片（2-2-1）。如上述，左侧袖身的起点要比右侧袖身的起点高1行。

270行（WS）：编织滑针后回针，第1针挑针，剩余13针编织上针。

271行（RS）：第1针挑针，下一针编织上针后盖针收1针，剩余6针编织下针，再次翻转织片（2-1-1）。

272行（WS）：编织滑针后回针，第1针挑针，剩余5针编织上针。

273行（RS）：从第1针到回针的挑针处编织下针，挑针与下一针并针编织下针，以上述方式编织右侧袖身。肩部20针休针，用于与后身片进行连接，预留大于肩宽3倍的毛线。

右侧前身片

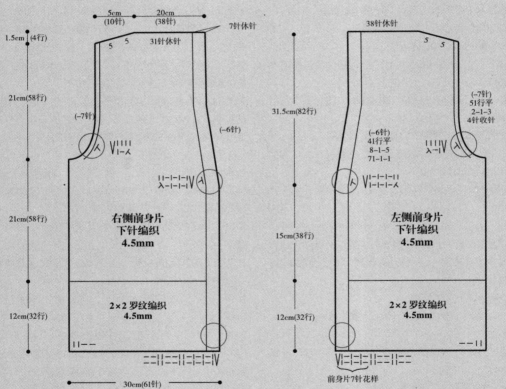

5cm
(10针)

20cm
(38针)

7针休针

31针休针

38针休针

1.5cm(4行)

5　5

5　5

21cm(58行)

(−7针)

(−6针)

(−7针)
51行平
2−1−3
4针收针

31.5cm(82行)

(−6针)
41行平
8−1−5
71−1−1

21cm(58行)

**右侧前身片
下针编织
4.5mm**

15cm(38行)

**左侧前身片
下针编织
4.5mm**

**2×2 罗纹编织
4.5mm**

12cm(32行)

**2×2 罗纹编织
4.5mm**

12cm(32行)

30cm(61针)

前身片7针花样

解读图纸注意事项

1. 编织前襟时，首先编织有纽扣的一侧（女装为左侧），再编织扣眼一侧（女装为右侧），这样可以准确掌握扣眼
的位置。
2. 两侧前身片必须对称。
3. 如果织片编织完成后需要并缝，那么需要并缝的边缘针必须进行编织，而前襟、袖身的第1针编织挑针。

解读前身片图纸

1行（RS）：用4.5mm棒针起61针。

2行（WS）：第1针（缝针处）编织上针，交替2针上、下针编织2×2罗纹针，直至剩余7针。下一针编织上针，继续交替上、下针编织1×1罗纹针，重复3次编织7针，最后一针编织上针。

3行（RS）：第1针（前襟）挑针，剩余针与第2行7针前襟编织方法相同。即，第2针编织下针起共编织6针1×1罗纹针，剩余54针（身片）以2针下针开始，交替2针上、下针编织2×2罗纹针。

4~32行：重复交替编织2、3行，共编织29行。编织完成由7针前襟、54针2×2罗纹针组成的12cm底边。

33行（RS）：前襟7针编织与底边相同的花样，剩余54针（身片）编织下针。

34~70针：身片54针编织下针，前襟7针按原花样编织（61针）。

71行（RS）：编织7针前襟，第8针挑针，第9针编织下针后，右上并针在71行−1针−1相应的位置减1针，共60针（60针，71−1−1）。

72~78针：按原有的60针编织7行。

79行（RS）：与71行相同的方式在本行减1针（59针，8−1−1）。

80~86行：按原有的59针编织7行。

87行（RS）：以相同的方法减1针（58针，8−1−1）。

88~91行：按原有针数编织7行。

92针（WS）：前4针编织上针后收针，剩余针按照原有花样进行编织（54针，4针收针）。

93行（RS）：编织原有花样，直至剩余5针时，边缘第4、5针左上并针减1针，边缘第3针编织上针，最后2针编织下针，防止卷边（53针，2−1−1）。

94行（WS）：第1针（袖身边缘）浮针，身片编织上针，前襟7针按原有花样进行编织。

95行（RS）：以同样的方式在袖身、前颈处各减1针。（51针，8−1−3，2−1−2）。

96行（WS）：第1针挑针，身片编织上针，前襟7针按原有花样进行编织。

97行（RS）：以相同的方式袖身减针（50针，2−1−3）。

98行（WS）：第1针挑针，身片编织上针，前襟7针按原有花样进行编织。

99行（RS）：袖身边缘第3针一直编织上针，按原有针数继续编织。

100~102行：按原有50针编织花样。

103行（RS）：以相同的方式在前颈减1针（49针，8−1−4）。

104~110行：按原有49针编织花样。

111行（RS）：以相同的方式在前颈减针（48针，8−1−5）。

112~148行：按原有48针编织花样，编织长约21cm。

149行（RS）：编织花样，直至剩余5针，编织滑针后回针编织袖身。

150行（WS）：第1针挑针，剩余43针编织上针。

151行（RS）：回针为起点，挑针处编织下针，滑针与下一针并针编织下针，编织3行袖身。后颈38针穿进新针后休针，方便编织衣领。双肩处10针同样穿进新针后休针，用于钩针连接。

袖子

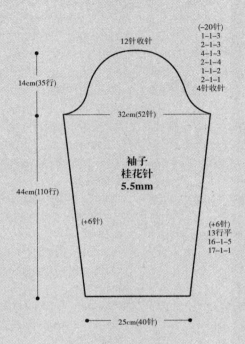

14cm(35行)

44cm(110行)

12针收针

(−20针)
1−1−3
2−1−3
4−1−3
2−1−4
1−1−2
2−1−1
4针收针

32cm(52针)

袖子
桂花针
5.5mm

(+6针)

(+6针)
13行平
16−1−5
17−1−1

25cm(40针)

解读袖子图纸

1行（RS）：用5.5mm棒针，羊驼绒起40针。

2行（WS）：第1针缝线处编织上针，第2针下针，下一针上针，继续上、下针交替编织桂花针。此时，最后2针编织上针。

3行（RS）：第1针（缝针处）下针，第2针上针，下一针编织下针，继续上、下针交替编织桂花针。此时，最后2针编织下针。所有织物的缝针处均编织下针。

4~16行：重复交替编织2、3行，共编织13行。

17行（RS）：从本行起开始加针，在两侧用卷针各加1针（42针，17−1−1）。

18行（WS）：第1针（缝针处）上针，第2针以上针开头编织桂花针。

19行（RS）：第1针（缝针处）下针，第2针以下针开头编织桂花针。

20~32行：重复交替编织18、19行。

33行（RS）：17行起加针，本行为加针的第16行，以相同的方式在两侧各加1针，共2针（44针，16−1−1）。

34~97行：与上述相同的方式每16行减2针，重复4次共减8针（52针，15−1−2~16−1−5）。

98行~110行：原有52针编织13行桂花针，袖子长度约为44cm（13行平）。根据个人手法增减行数，长度保证44cm即可。

111行（RS）：袖山减针的第1行，4针下针后收针，继续编织桂花针（48针，4针收针）。

112行（WS）：前4针编织上针收针后，剩余针编织桂花针。

113行（RS）：前2针右上并针减1针，继续编织桂花针，直至剩余2针。另一侧袖子，左上并针减1针（42针，

2-1-1)。

114行（WS）：左上并针编织上针减1针，继续编织桂花针，直至剩余2针。另一侧袖子右上并针减1针（40针，1-1-1）。

115行（RS）：以113行相同的方法，在两侧减针（38针，1-1-2）。

116行（WS）：缝线处编织下针，剩余针编织桂花针。

117行（RS）：以113行相同的方法，在两侧减针（36针，2-1-1）。

118～123行：重复交替编织3次116、117行（30针，2-1-2~2-1-4）。

124～126行：按原针数30针编织3行桂花针。

127行（RS）：以113行相同的方法，在两侧减针（28针，4-1-1）。

128～135行：重复交替编织2次124~127行4行，进行袖

山减针（24针，4-1-2~4-1-3）。

136行（WS）：缝线处编织上针，剩余针编织桂花针。

137行（RS）：以113行相同的方法，在两侧减针（22针，2-1-1）。

138～141行：重复交替编织2次136、137行，共减4针（18针，2-1-2~2-1-3）。

142行（WS）：以114行相同的方法，在两侧减针（16针，1-1-1）。

143行（RS）：以113行相同的方法，在两侧减针（14针，1-1-2）。

144行（WS）：以114行相同的方法，在两侧减针（12针，1-1-3）。

145行（RS）：剩余12针编织下针后收针，完成长约55cm的袖子。